方曉嵐・陳紀臨 著

陳家廚坊
Chan's Kitchen

外婆家的 潮州菜

Traditional Chaozhou Cuisine

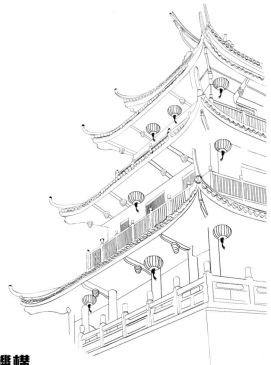

萬里機構

U0063840

目錄

箸下念親恩

「留下只有思念，一串串，永遠纏，浩瀚煙波裏，我懷念，懷念往年，外貌早改變，記憶不變，情懷未變……」，膾炙人口的一曲《似水流年》，當年嚴浩導演拍攝這部電影的外景場地，就是潮州。

我外公是浙江人，外婆娘家是潮州富有的鹽商，上世紀二、三十年代，外公在江蘇省的無錫工作，我母親隨外婆住在潮州府城英聚巷的娘家大宅，渡過了她難忘的十載童年。四十年代，日本侵華，外婆一家匆匆放棄了在潮汕的祖業家產，上下過百口人，坐兩條船逃難到桂林，再輾轉來香港隨我父親定居。直到外婆六十年代在北京逝世，她從未有機會回過潮州，對家鄉的深切懷念，也只能永遠埋在黃土中。

我在香港出生，排行第三，上面有兩個姐姐，那時香港經濟是百廢待興，又遇上韓戰時期的禁運，加上祖母在我出生前一週去世，家裏人都很沮喪忙亂，父母都寄望生個兒子，等到我出生，卻又是個女兒，真的是生不逢時。我的大姐姐調皮活潑，二姐姐是惹人喜愛的小美人，我這個小老三，圓嘟嘟笨呼呼，長得像個麵包頭。幸好我天生是個超級乖 B，吃飯睡覺都自有規律，從不哭鬧。三個孩子中，外婆最疼愛我，外婆叫兩個姐姐是直呼其名，卻叫我做阿囡，擺明是偏心。稍懂事，外婆就一次又一次地叮囑我：「阿囡你命苦，又生得醜，你要很乖，不然你媽媽就會把你交給垃圾婆拿走啦！」嚇得我更加想盡辦法做個乖孩子。外婆的話，影響了我整個童年；由幼兒班到離開學校，我從未敢遲到，當媽媽還在「鏟」姐姐們起床時，我早已出門上學去了。這個好習慣，我維持到今天。

外婆在香港時，家裏的人有時講潮州話，有時講廣東話，有時講普通話，小孩子在學前都懂潮州話，當然，長大後也就忘記得七七八八了。那時家裏吃的菜式是聯合國，外婆家的潮州菜、母親的江浙菜、廣東家傭嬋姐和金姐的拿手順德菜、爸爸偶然興緻大發，也會表演他的北京葱油餅；因此我們幾姐妹自小非常有口福，也吃刁了嘴。外婆的甥女，也就是我的鳳玲表姨，五十年代由潮州來香港，與我們姐妹幾人一起長大，她的一手正宗潮州菜深得外婆真傳，其實外婆在六十年代已去世，家裏的潮州菜能夠延續至今，還真是我鳳玲表姨的功勞。

我在香港出生，在香港受教育和工作，七十年代中，與陳紀臨結婚，當我去到美國時，才知道嫁給了一個飲食世家。家翁特級校對陳夢因當時已是具盛名的美食家和飲食作家，只是我這個過埠新娘未知道。從此，我才開始學習負責任地入廚做菜，告別了以前在母親家中入廚只是「玩玩吓」的日子。感謝家翁的教誨和指導，我獲益良多，廚藝也就隨着日子有功而進步了。在那二十多年間，我把母親的江浙菜和外婆家的潮州菜帶到陳家的飯桌，得到家翁和親朋的讚許，從此，江浙和潮州的菜式就進入了陳家廚坊。

為了寫《外婆家的潮州菜》，我們去潮州和汕頭搜集資料；臨行前，我年邁的母親再三叮囑，叫我們一定要去潮州英聚巷的舊居門前，拍攝一張照片回來給她看。母親垂垂老矣，我們實在無法帶着她同行，母親說話時流露着難見的激動，畢竟她兒時離開潮州，距今已八十多年了。

我的外婆在上世紀二十年代

本書的內容，沒有豪華的酒樓筵席菜，沒有名貴的花膠魚翅熊掌，只是結集了外婆家傳授給我的潮州家常菜，以及一些民間潮汕菜式，食材普通，簡單易做，加上搜集了不少潮汕飲食文化及風土人情的資料，希望讀者們能從書中多了解潮州及潮州菜，並予以鼓勵和支持，更希望通過描寫我小時候的生活，引起同齡朋友們對小時候美好回憶的共鳴。

在撰寫這本增強版時，母親與世長辭，真後悔以前未有機會帶她回去潮州故居看看，原來「來日」並非一定「方長」，要懂得珍惜。

我心懷感恩，謹以本書，獻給我敬愛的外婆諸葉婉芬女士。

我的外婆在上世紀五十年代

2018 年

潮州的飲食文化

潮州位於廣東省東南部，面臨東海，屬古越族人分佈的百越地區。自古生活在這片土地上的，是海邊居住的古海豐人和畬族，以務農及打漁為生；由於北面和西面被大山阻隔，交通落後，人口稀少，生產水平低下。公元前214年，秦始皇征服百越，在嶺南設立象山、桂林、南海三郡，今潮汕地區即屬南海郡。南海郡經過幾次改名後，到了公元590年改稱循州。潮州的名字首次在歷史出現是在隋開皇十一年，即公元591年，循州改名為潮州。

戰國中期，越國為楚國所滅，越王勾踐的子孫帶領中原族人移居到東南一帶，建立了閩越、甌越和東越等王國，為南方地區包括江浙及福建，帶來了華夏文化。宋朝時期，中原再發生了三次逃亡式的人口大遷移，逃避戰亂的中原人，使南方的人口驟然增加，而部份人就進入當時相對穩定的福建（閩）定居，明朝末年的大飢荒，對福建的影響不大，但明朝殘餘勢力慘烈抗清，漳州莆田被清軍屠城，人們在驚惶中民不聊生，同時，又要逃避倭寇的肆虐，於是，大量中原先民和福建越人被逼再度南遷。他們跨過五嶺大山，最後在潮汕平原居住下來，休養生息，部分與當地的原住民畬族及古海豐人通婚，經過了好幾百年，逐漸繁衍成為今天的潮州人。

潮汕地區位於廣東的東南部，西北方橫貫着由東北到西南的蓮花山脈，大大地阻隔了潮汕和廣州及珠江三角洲的交往，北部橫恒着五嶺，更隔斷了和中原的直接聯繫。然而，潮汕地區卻有着三百多公里的海岸線，這使得整個地區形成了一個背山面海既封閉又開放的環境，也因此而造就了潮汕獨特的文化。我們今天在潮汕地區可以感覺到潮州人保守的一面，又可以在海外看到潮州人冒險進取的一面，這不能不說是地理環境的影響。

潮州菜的形成和發展

潮州（包括了汕頭、揭陽等地區）傳承了江浙的稻作文化，以米為大，民生的種種，都體現在米食文化中。因為面對海洋，所以又具有漁民的特色，以大海為家，以海產為食，把海洋的一切引入到日常生活中。所以說，潮州的飲食文化是米食文化與海食文化的結合。

唐代的潮州，是所謂「夷獠雜處」的地方，雖然土地肥沃，河流池沼滿佈，但還是荒野一片，環境惡劣，野獸與鱷魚出沒，人們以簡單及原始的飲食方法為主，烹調技術簡單。潮人日常吃蠔、蛤、鱉、章魚等海產及魚類，以鹽或果酸為佐料生食或熟食，談不上烹調技巧。唐代公元819年，韓愈因諫「迎佛骨」而被貶至潮州，韓愈是遼寧人（一說河北），完全不懂遠在蠻夷的潮州的風俗習慣，在飲食方面更是難以適應。韓愈在潮州僅八個月，對潮州的影響深遠。他向朝廷申請恢復鄉校，又把自己的俸祿拿出來辦學，多作詩文以提倡文風，又關心民生，提倡桑農，贖放奴婢，建堤修渠。蘇東坡把韓愈入潮州作為潮人從野蠻走向文明的界限，中原文化才真正地進入了潮州，同時開啟了潮人好學之風。中原文化包括烹調技術傳入潮州後，逐步形成了潮州民間菜的雛形。

到了宋代，潮州的航運交通已具規模，鹽業、陶瓷業、刺繡業等工業興旺，產品出口到外國，人們的生活水平大大提高，工商業的蓬勃發展，也促進了飲食業的興旺，潮州菜的菜式和烹調技術，也因應市場需要而不斷提高，並逐步形成鮮明的地方風格。

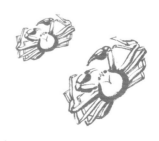

十五世紀初鄭和七下西洋，大大擴展了對外的海上貿易，但是在明成祖去世後，後代帝皇實施的海禁，嚴重阻礙了潮州的經濟發展，直到明代中後期，情況才有了很大的轉機，大批自強不息的潮汕人坐紅頭船移民到海外，潮商貿易在民間迅速興起。到了清朝時期，隨着解除海禁，社會經濟趨向繁榮。1861 年，汕頭開埠，歐美國家在汕頭開設洋行、貨倉和船務，汕頭商賈匯聚，這時的潮商已經成為中國東南最大的商幫，生意發展到東南亞，促使潮汕地區的造船業、航運業和各種輕工業再度興盛，社會風氣趨向奢靡。1921 年汕頭建市，成為全國第三大港口。饒宗頤在 1954 年出版的《潮州志》中，形容這時的汕頭市是「舟車云集，角旅輻輳」。

上世紀二十年代，潮州菜館在江浙及北京興起，同時，隨着潮州人的足跡走出中國，在東南亞以至歐美落地，這時的潮州菜，吸收了外地以至海外的飲食文化，發生了較大的轉變，以酒樓食肆的筵席菜為主導，材料用上了雪蛤膏、熊掌、鮑魚等山珍海味，並加入了魚翅、燕窩等外來材料，同時更講求色彩繽紛的盤飾雕刻，潮菜逐步走向高檔路線，而且反過來影響了香港的潮菜，這種豪華的風氣，一直延至上世紀八十年代，改變了人們對傳統潮菜最初的印象。然而，後來隨着時代的轉變，現在的潮菜，盤飾比以前簡約，很多傳統的民間地方潮菜重新得到恢復，潮州菜得以再落地百姓家，並以獨特的風味，揚名中外。

潮州的米食文化

和北面的梅州，東面的閩南一樣，潮州賴以為民生基礎的是大米，日常生活離不開和米有關的食物；各種不同的粿，乾的，濕的，炸的，煎的一應俱全，過年過節，嫁娶喜慶，求神拜佛都有粿的份兒，其中的鱟粿，更是潮州獨有之物。炒粿條（香港叫貴刁）在大酒店或大街小巷都能見到，既是菜式，也是小吃。潮州的米食文化和其他地方不同的是「食糜」文化。「糜」是古字，在春秋時代的古書爾雅釋言篇第二就解釋為「粥、糜也」。最為人知道和吃糜有關的記載大概是出現在晉書惠帝記，當時民間生活困苦，人民多餓死，不知道民間疾苦的惠帝說「何不吃肉糜？」肉糜就是肉粥，可能是宮廷中很普遍的食物。據說「食糜」一詞原來是從河南傳到潮州的，可是現在的河南人都說「吃粥」，沒有人說「食糜」了，中國只剩下潮州人還維持着這中原古老的叫法。潮州人喜歡食糜，一天三頓，早晨食的叫「早糜」，宵夜的叫「夜糜」，糜又分白糜和肉糜，白糜是稀飯，肉糜是有肉的冷飯粥。

華東和華北的人很多都有在早上吃稀飯的習慣，一般送稀飯的也就是腐乳、鹹蘿蔔、花生米等幾個小菜。然而，為了重視吃粥，潮州人卻把佐粥的小菜發展成為一種獨特的食制，叫做鹹雜，其實基本上就是醃漬的小菜。潮州佐粥的食物是五花八門，地上長的，樹上生的，海裏撈的，泥裏挖的都可以醃成鹹雜，品種過百種，是潮州的一大特色。

數千年的海食文化

在南澳的考古發現，早在七、八千年前潮汕海濱大地上已有人類居住，他們以漁獵為生，出土的「蠔撬」，就是石器時代的簡單開蠔開蜆工具。長長的海岸線，為潮州民眾提供了重要的食材。出海的漁民就海取材，把捕撈到的魚蝦蜆蟹作為主食，主要的調味料也就是鹽，發展出的魚飯和各種醃製的食品和醬料，成為潮州菜中重要的部份；其中，以小魚醃製的魚露就是潮菜調味的靈魂。傳統潮州菜中的用料注重海產，而烹調又以炊（蒸）、煮、燉為主，菜餚清淡，並盡量保持海產的鮮味。

在汕頭，街頭巷尾都可見到的炒粿條攤子　　　　　夾心果仁糖

潮州的民間小吃

　　福建是中國生產蔗糖最早的省份，但是卻被潮州在雍正時代後來居上，成為中國產糖最多的地方，也造就了潮人喜歡吃甜食的習慣。白果芋泥、返砂芋頭、水晶包、清心丸、綠豆爽、杏仁茶等都是為人熟悉的潮州甜品，另外當然還有各種味道的酥皮潮州月餅、老婆餅、腐乳餅、綠豆餅、酥糖、花生糖、芝麻條，以及久違了的蔥糖等。很多人喜歡吃的涼果如嘉應子、甘草欖、五味薑、蜜餞等也大部份是潮州出產。潮州人喜歡喝工夫茶，這些甜品、餅食、涼果也就是喝茶時的茶配。除了甜食外，小食還包括了我們熟悉的牛肉丸、豬肉丸、魚丸、糯米豬腸、蠔烙、炒粿條等。這些小食可以在早餐到晚上的任何時間進食，也可以當作飯桌上的菜餚。

　　說道這裏，不能不提到潮州的滷水。滷水是用香料和醬油經過長時間炮製而成，時間越久，味道越好，這是因為滷水裏吸收了無數肉的精華，一般在家裏是不可能做到的。潮州滷水的出名是因為當地出產的獅頭鵝，肉多而嫩滑，皮下脂肪相對較少，其滷水鵝頭和鵝肝更是絕品。

潮州菜的特徵

大凡每一個傳統菜系的形成，必有其歷史地理原因，也受人文文化的影響。客家菜的素粗野雜，上海菜的濃油赤醬都是在這些因素下形成的。在背山面海既封閉又開放的地理環境下，潮州菜發展了與眾不同的烹調文化，我們把它的特徵歸納為：廣、精、清、巧、鮮。

廣：是指菜用料廣，所有天上、地下、海中的生物植物，不論形狀多古怪，只有能吃的，潮菜都可入饌，一為鮮味，二為「慳家」，例如吃鱟、海星、薄殼，「敢吃」的程度，為國人之冠。

精：是指精心製作，這不光是在選料方面，還要體現出精緻的做法，比如說護國菜就是粗菜精做的一個例子，把很普通的番薯葉，經過精細的加工成為可口的湯菜；又如厚菇芥菜，用的是素菜葷做的做法，使一個表面平平無奇的蔬菜卻有濃厚的肉鮮味。手打牛肉丸是另外一個好例子。做得好的牛肉丸不光是要挑選好的材料，在切割方面也很講究，敲打的鐵棍是特製的，而且要按一定的方法去敲打，這才能做出來好吃彈牙的牛肉丸。

清：意思是清淡少油。大部份的傳統潮州小菜，口感並不油膩，反而是很清淡，菜餚的烹調方法以炆、煮、燉、炒為主，用油較少。潮州菜中有很多是湯菜，做得好的湯菜，表面看不見油，吃到口中也沒有油膩的感覺。

巧：是指各種醬料和配料的巧妙配搭。潮州善用海產、水果、蔬菜等材料製造醬料和醃漬物，品種之多在全國無出其右。

鮮：指的是主菜的味道偏淡，是潮州菜和其他菜系最不同的地方。潮州菜是「以淡出鮮」，再「由鮮出味」，盡量保持原材料的本來味道，而不讓調味料把食材的鮮味覆蓋了。潮州菜在烹調時，不會像上海菜那樣用濃味深色的醬料；這是因為潮菜要保持材料的原味，而每道菜往往配有一碟蘸料，讓食客可自行調校菜式的味道，使味道更豐富，更有層次。

潮州人的打冷

打冷檔

從小就知道有潮州「打冷」，卻誤以為凡是潮州菜都是打冷，相信這也是從前很多香港人對潮州菜的印象。由於早期潮汕人大多聚居港島西營盤一帶，工作以碼頭搬運的苦力為主，價廉而帶有濃厚潮汕風味的潮州打冷便順勢紮根西環了。直到六、七十年代，香港政府收緊了飲食條例，把多數的打冷店從街頭巷尾搬進了店舖。同時期香港經濟開始起飛，更陸續出現了好幾間著名的潮州菜館，於是潮州菜在很多香港人的心目中便重新定位，而潮州打冷在香港也只有在較老的商業區才能見到了。

到今天，要吃真正的潮州打冷，可以到汕頭去。打冷的內容大致可分為四大類：第一類是滷水，其中最有名的當然就是滷水獅頭鵝。在潮汕，一頭滷水鵝絕對可以從頭吃到尾，又可由外吃到內，簡直就是一場滷水鵝的盛宴。其次就是生醃海產，這個類別也不是小意思，單是醃膏蟹、醃草蝦、醃蝦姑、醃獅蚶就已令得傳統潮汕人口水直流了。第三類是煎炸，隨便一數便有煎鹹魚、煎蠔烙、水瓜烙、蘿蔔烙、幾十款煎粿、炸蝦棗、炸豆腐。最後亦是最重要的便是魚飯；魚飯這種用鹽水把海鮮煮熟以便保存的方法，是潮汕漁民的特色，更有「以魚代飯」的意思。在潮汕當地打冷，還多了一個海鮮現場「煮」，潮菜向有一菜一醬的說法，但原來潮汕人在煮魚的配料方面亦有研究，例如，煮馬友要用貢菜、蒸九肚要用冬菜、菜脯炆淡甲魚、鹹菜炆麻魚等等。

要分辨一間打冷店是否夠水準，便要看大門入口處的「明檔」食材是否夠豐富，一張二十多尺的長方形大桌一放，數十種潮汕燉菜、小吃、海鮮羅列檯上任君選擇，隨意揀選的食材，可以有幾十種不同的烹調方法；但是要吃得出潮汕的傳統味道，還得要請教下單的堂倌，這樣的一來便顯出同是打冷，香港跟潮汕的精粗不同之處了。

來一碗潮州粥是打冷的終極主角，潮州人把粥叫作「糜」，標準吃法是用筷子不用湯匙，只要看到誰吃糜時用湯匙，便知道這個不是潮汕人了。

打冷，這種地道潮汕食制，食物精彩百出，靈活程度甚高，吃得盡情放肆，但又豐儉由人，這就是身在家鄉的溫暖感覺。燈火之下，舉箸談笑之間，凝聚着幾許海內外潮人遊子的思鄉之情。

潮汕的獅頭鵝與滷水

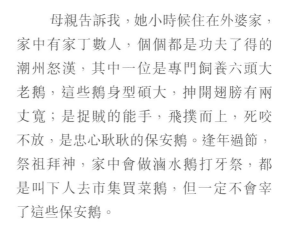

母親告訴我，她小時候住在外婆家，家中有家丁數人，個個都是功夫了得的潮州怒漢，其中一位是專門飼養六頭大老鵝，這些鵝身型碩大，抻開翅膀有兩丈寬；是捉賊的能手，飛撲而上，死咬不放，是忠心耿耿的保安鵝。逢年過節，祭祖拜神，家中會做滷水鵝打牙祭，都是叫下人去市集買菜鵝，但一定不會宰了這些保安鵝。

近大半世紀，潮汕人不再養保安鵝，而是越來越喜歡吃鵝，特別是滷水獅頭鵝。獅頭鵝是潮汕的特有鵝種，原產於潮州饒平浮濱鄉，頸粗鬢大，皮滑肉厚，素有鵝王之稱。由於潮汕的滷水獅頭鵝已是名聞中外，現在養獅頭鵝和相關屠宰業成了潮汕的重要產業之一。

滷水鵝檔

「天下潮菜，滷味為先」，有中國人的地方就有潮汕人，也就一定有潮汕滷水食品；在潮州人的筵席上，首先上場的，必定是滷水拼盤。傳統的潮州筵席是「是無鵝不成席」，前菜的主角就是滷水鵝拼盤，鵝肉、鵝頭、鵝肝、鵝腸、鵝掌、鵝翼、鵝血、鵝胗，再加上滷豬頭肉、滷豬肚、滷蛋、滷水豆腐或豆乾，精彩的一大盤滷味，甘香濃味，老少咸宜，這就是標準潮菜筵席的開始。

近年市場上對吃滷水獅頭鵝的鵝頭有不少傳說，一個滷水獅頭鵝頭連頸價格要好幾百元人民幣，其實這種吃法的確成本高昂；因為這個大頭並不是普通滷水用的十八個月大獅頭鵝，而是要養足三年的老鵝，除了頭頸之外，其他的肉都太老了，如此計算，一個滷水鵝頭連頸賣好幾百元人民幣，也不算過份。

　　滷，又稱為滷水，是中國歷史悠久的烹調方法之一，早在商周時期，中原的人們已懂得用鹽水和香料（主要是花椒）來煮熟食物以便保存，這是滷製食物的雛型。自秦滅巴蜀，為中原各地帶來了四川豐富的香料，加上邛崍井鹽的大量開發，促進了滷製食物的發展，到了漢唐時代，滷製食物的技術已趨成熟，各地更因地制宜發展出不同的滷水風格。由於滷製食物的品種繁多，基本技巧簡單，所以容易普及。中國很多省份都有滷製食物，其中較著名的有四川涼滷、山東鹹滷，以及廣東、廣西、福建的滷水，而潮汕滷水則因滷水鵝而別樹一格，名聞中外。

滷水拼盤

　　中國各地滷水的基礎，成份不外是花椒、八角、大茴、小茴、甘草、白豆蔻、桂皮、草果、香葉、砂仁、白芷、丁香、老薑、葱或大蒜等香料，再加上適量的鹽、冰糖、老抽和上湯烹製而成。不同地方的廚師，按照當地口味把各種香料的份量加加減減，成為自己的風格，例如四川的涼滷，就加入了乾辣椒和川椒。潮汕滷水的最大特色是一定有南薑，南薑也稱為「良薑」，薑皮呈暗紅色，肉色淡黃，辣味中帶濃濃的香味，加入南薑使滷水再增一重暗香，是潮汕滷水與其他各地的滷水最大的分別。有些潮汕滷水還巧妙地加入了花生和芝麻磨粉的料包，正正表現了潮汕人對食物的講究。

滷水用的香料

　　鹽、糖和老抽的份量，決定了滷水的鹹淡和甜味，若以味道來說，潮州的滷水鵝味道偏甜，而汕頭澄海區的滷水鵝味道較為鹹甜適中，香港大部份滷水獅頭鵝店都是跟隨澄海的風格。

滷水鵝肝

滷水鵝腸

潮州魚飯

A FISHERMAN'S MEAL

　　自古潮汕漁民用舊式木船出海，船上沒有任何保鮮設備，對漁獲的保存方法不外「一鮮、二熟、三曬、四鹹」，其中用鹽水灼熟的漁獲就叫魚飯，除了魚之外，蝦蟹魷魚都可以如法炮製。明明是魚蝦蟹，為甚麼叫做飯？這是因為漁民生活很貧困，買米是要花錢，漁民就把一些不太值錢的漁獲炊熟當飯吃，所以叫魚飯。魚飯當然是凍食的，而潮州人相信，熟了的魚蝦蟹，放涼之後肉會更結實，味道會更鮮美。

　　在潮汕地區的海邊，有專門加工魚飯的工場，而菜市場賣海產類的地方，有一些專賣魚飯的檔攤（見圖），但有時生的熟的並排賣，我們外人看起來感覺很不太衞生，其實這些魚飯檔中賣的熟魚，除了白飯魚外，全部還要撕去魚皮魚鱗才吃，潮州人覺得這是天然的包裝紙，所以習以為常，是他們生活的一部份。在潮州汕頭的酒店及潮菜館中，也設有魚飯的專用保鮮櫥，陳列了各種魚的魚飯，客人可以自己挑選，價格以重量計算。

九龍城潮式商店內的魚飯

汕頭市場內的魚飯檔

◆ **材料**

雜魚 600 克

粗鹽 1.5 湯匙

普寧豆醬 2 湯匙

白米醋 2 湯匙

醃製時間：2 小時
準備時間：15 分鐘
烹調時間：10 分鐘

大眼雞（目鰱）

石馬頭

◆ **做法**

1. 雜魚不要打鱗，劏洗乾淨後瀝乾。

2. 用粗鹽把魚內外搽勻，醃 2 小時以上。

3. 用大火把魚蒸 10 分鐘後，倒出魚水，放到魚
   完全涼卻。

4. 用剪刀從魚背把魚皮從頭到尾剪開。

5. 把豆醬和醋混合成蘸汁。

6. 吃時把魚皮魚鱗掀起，魚肉蘸汁吃。

竹籤魚

狗棍魚

◇◇◇◇ **烹調心得** ◇◇◇◇

- 魚飯的魚可用任何海魚，要記得不可
  打魚鱗，可保存魚的鮮味和脂肪，亦
  可保持賣相的完整。

- 傳統的潮州魚飯，不單只是不去魚鱗，
  還不開肚不取內臟，把魚原封不動地
  炊熟；但城市人可能不太能接受，所
  以我們採用不去鱗，但開肚洗乾淨。

- 普寧豆醬味鹹，作為魚飯的蘸料，要
  用白米醋來稀釋，加醋味亦可提鮮。

A FISHERMAN'S MEAL

Marinating time: 2 hours /
Preparation time: 15 minutes / Cooking time: 10 minutes

◆ Ingredients

600 g fish (any salt water fish)

1.5 tbsp coarse salt

2 tbsp Puning bean sauce

2 tbsp white rice vinegar

◆ Method

1. Cut open fish belly, wash, clean and drain. Do not de-scale fish.

2. Marinate fish with salt inside and out for at least 2 hours.

3. Steam fish over high heat for 10 minutes, pour out water from the plate and let the fish cool completely.

4. Cut open skin along the back from fish head to tail with kitchen scissors.

5. Mix bean sauce and vinegar to make fish dip.

6. Lift the fish skin before serving together with the fish dip.

「炊」是潮州菜中重要的烹調技巧，「炊」就是粵菜中的蒸，潮州人愛吃海產，要保持海產真正的原汁原味，炊就是最好的烹調方法。潮菜中名貴的菜式，有「生炊龍蝦」、「生炊膏蟹」、「生炊帶子」，這些都是即炊即吃的熱菜式，而另外一種吃法是冷吃，最具潮州菜特色。在以前沒有冰箱的年代，吃不完的海產，都會用水煮熟或炊熟後存放，由於熟海產放涼之後，部份水分揮發了，肉質會變得較為堅實，味道會更鮮甜，也比較耐放。常見的潮州冷食熟海產有魚飯（凍魚）、凍蟹和凍龍蝦。

記得我小時候吃潮州凍蟹，只是普通的家常潮菜，多數用的是花蟹，也有用普通的三點蟹或藍蟹，但一定是用海蟹。其實平價的三點蟹，味道最鮮甜，但紅花蟹體形較大，蟹肉最多。當時香港上環潮州巷的食肆，家家有供應凍蟹，人人都吃得起。到了70年代，香港經濟起飛，股票狂升，消費全面進入奢華年代，酒家都爭着標榜鮑參翅肚的菜式，魚翅撈飯就是當時中環股票經紀們的午飯。從那時起，香港的潮州菜紛紛變身為高價菜館，滷味櫥檔中高掛一列大紅蟹做的凍蟹，紅彤彤以示吉利；但從不標明價錢，反正願者上釣。點菜時侍應會問：「今日凍蟹好靚，食凍蟹啦！」第二句是：「每人一份食潮州翅啦！」近年更有第三句：「今日響螺好靚，堂灼響螺好唔好？」，於是，隨時中伏，埋單盛惠一萬幾千元，潮州酒樓從此變成了只歡迎有錢人吃飯的地方，無錢無面就勿進來。

那時小市民想吃正宗的潮州菜，就到港島上環的潮州巷。九十年代，潮州巷遷拆了，食肆搬到了市政大樓，菜名還是潮州菜，味道慢慢走了樣，菜式更似粵菜炒鑊。香港老百姓能吃得起的正宗潮菜館少之又少，香港潮州菜的沒落，不無原因。幸好近年有一些中價的潮州菜館出現，潮菜給人的貴價印象也有了改變。其實，自己在家做潮州凍蟹，做法簡單，豐儉由人，吃得更痛快。

潮式凍蟹

COLD CRAB, CHAOZHOU STYLE

冷藏時間：30 分鐘
準備時間：5 分鐘
烹調時間：25 分鐘

◆ 材料

活海蟹約 1 公斤
鹽 1 茶匙
薑 10 克（切粒）
浙醋 3 湯匙

> **材料選購：** 不論
> 紅蟹、三點蟹、
> 青蟹（藍蟹），
> 只要是海蟹就可
> 以了。

◆ 做法

1. 把活蟹連塑料袋放進冰箱的凍格，冷藏半小時。

2. 取出，掀去蟹厴擠出污物，洗擦乾淨後，放在蒸
   碟中，蟹腹向上。

3. 在蟹上撒鹽，放入蒸鍋蒸 20 至 25 分鐘至熟透，
   取出蟹放在另一隻碟上，蟹水不要。

4. 待蟹自然放涼後，拆開蟹蓋，蟹身切件，拼擺成
   蟹的原來形狀。

5. 吃時佐以薑米加浙醋的蘸料。

◇◇◇ 烹調心得 ◇◇◇

- 把活蟹先凍死後才蒸，可避免活蟹掙扎時使蟹腳脫落。

- 凍蟹不是「雪蟹」，如果把熟蟹放入冰箱中冷凍，會吸收冰箱中的其他
  味道，俗稱「雪味」。

- 如果準備的時間不夠，也可以蒸完蟹之後，立即把蟹浸入冰水中冷凍，
  但如果時間足夠，還是自然涼卻比較好。

- 潮州人吃凍蟹，只蘸薑和浙醋，不蘸醬油；所以在蒸的時候要先在蟹上
  撒一點鹽，蒸熟後蟹肉便有些鹹味。

COLD CRAB, CHAOZHOU STYLE

Refrigerated time: 30 minutes /
Preparation time: 5 minutes / Cooking time: 25 minutes

◆ Ingredients

1 kg fresh salt water crab

1 tsp salt

10 g ginger, diced

3 tbsp Zhejiang vinegar

◆ Method

1. Put crabs (in cellophane bag) in the freezer and freeze for 30 minutes.

2. Remove crabs from freezer, lift off the abdomen, brush and wash clean the underside of the crabs, and put in a plate with the carapace (the cover of the crab) facing down.

3. Sprinkle salt on the body, steam for 20 to 25 minutes or until done. Remove to another plate.

4. After the crabs are cooled, lift off the carapace, cut body into several chunks, and put all body parts back to the shape of crabs.

5. Serve with ginger and vinegar dip.

潮州粥

潮語稱粥為糜（音：妹），糜是古漢字，未有「粥」字之前已有「糜」字。潮州人愛吃粥，據說與養生之道有關。潮州人每日都離不開吃粥，早餐吃粥是指定動作，叫做「早糜」，宵夜也要「食夜糜」，才會睡得舒服，吃潮式筵席時，最後「單尾」也會以白糜作完結，以安慰肥膩的腸胃。最特別的是，潮州人還愛吃放涼了的冷白粥，把糧食冷吃，這是在中國各地不同飲食習慣中少見的。潮州粥不像廣東的明火白粥那樣水米交融，卻有點像北方的稀飯那樣厚稠飽滿。潮州粥基本上分兩種煮法，一是白粥，二是泡飯粥，介紹如下：

白粥，潮州的白粥，叫做白糜，由白米和水煮成，要求是入口柔潤而見米粒，最好選擇比較黏軟的珍珠米、台灣的蓬萊米，和東北的大米，但南方的絲苗白米則黏性不夠，不適合煮潮州白粥。潮州白糜比廣東粥稠，糜中的米粒是不會煮到完全爛開溶化。做法是米和水的份量比例大約是 1 對 8，猛火煮沸水後，把米倒下，開蓋猛火沸煮，用勺搞動以免黏鍋。大約煮 15 至 18 分鐘（因用不同的米而異），見米煮到爆花（爆腰），立即加蓋熄火，焗約 20 分鐘，使米粒進一步綿化。糜煮好了，還要再放一下，使米粒下沉，上面浮起一層凝混的米水，這才算標準。潮州白糜亦可冷吃，叫做「清糜」，但無論冷吃熱吃，進食時一定佐以潮州雜鹹小菜（看第 28-32 頁），如醃鹹菜粒、烏欖角、菜脯（蘿蔔乾）、麻葉、錢螺醯，以及各式煎魚和魚飯等等。潮州人很節儉，往往是早上煮一大鍋白糜，早餐吃熱糜，中午吃冷糜。也有在白米中加入番薯芋頭等同煮成粥，叫做番薯糜、芋頭糜。

泡飯粥，也叫「泡糜」，由白米飯加水或湯煮成，通常在煮飯時多煮一些留起來，煮泡飯粥之前，先用熱水把米飯浸一下，把黏結的米粒弄開，瀝乾水後再加水或上湯沸煮而成，方便快捷。泡飯粥也分稠和稀兩種，稠的泡飯粥，吃法與白粥一樣，佐以鹹雜小菜，比較稀的泡飯粥，是在飯湯中放入配料同煮，如蠔仔肉碎粥（看第 33 頁）、鯇魚粥、方魚肉碎粥等，半湯半粥，潮州人叫這種有配料的泡飯粥做「香糜」。

潮州的雜鹹

潮州的雜鹹，泛指品種繁多的佐粥小菜，主要為各種的果實、野菜、蔬菜、小蝦、小蟹及貝殼類的醃漬物，加上煎製的小魚乾，做成多款不同味道的涼菜，味道以鹹鮮為主，品種有好幾十款，是潮汕地區家家戶戶常備的食物，吃粥吃飯都離不開這些雜鹹。其中，最具代表性的雜鹹是潮州鹹菜和菜脯，潮州鹹菜粒用大芥菜醃漬而成，鹹菜的梗加南薑末是最普遍的佐粥小菜。鹹菜也是多款潮州菜的材料，例如鹹菜豬肚湯、鹹菜煮門鱔等。菜脯就是醃漬蘿蔔乾，除作為佐粥雜鹹小菜之外，最常見的潮菜是菜脯炒蛋。

九龍城潮式商店售賣的雜鹹

醃鹹菜粒

MARINATED SALTED VEGETABLES

準備時間：10 分鐘 ／ 浸泡時間：4 小時

◆ 材料

潮州鹹菜梗 350 克

紅辣椒 1 隻

鹽 1 茶匙

糖 3 湯匙

南薑末 2 湯匙

麻油 1 湯匙

> 材料選購：鹹菜要選用梗部，不要菜葉部份。南薑末在潮州雜貨食物店有售。

◆ 做法

1. 鹹菜梗切粒，用 3 杯清水調勻鹽浸 2 小時，用冷開水過水後瀝乾水份。

2. 250 毫升清水加糖煮溶後放涼，放入鹹菜梗粒浸 2 小時。

3. 紅辣椒去蒂去籽，切成碎粒。

4. 取出鹹菜瀝乾水份後，拌入南薑末、紅辣椒及麻油即成。

MARINATED SALTED VEGETABLES

Preparation time: 10 minutes ／ Soaking time: 4 hours

◆ Ingredients

350 g salted vegetable stems

1 pc red chili pepper

1 tsp salt

3 tbsp sugar

2 tbsp minced galangal

1 tbsp sesame oil

◆ Method

1. Dice salted vegetables, soak in salt water for 2 hours, and then rinse with cold drinking water.

2. Boil 250 ml of water with sugar added, allow water to cool, and soak salted vegetable cubes in it for 2 hours.

3. Deseed and chop red chili pepper.

4. After draining water from the vegetable cubes, mix in galangal, chili pepper and sesame oil.

其他潮洲雜鹹

醃杬稔

甜酸珍珠芒

酸甜梅

青梅

外婆菜

麻葉

青雪菜粒

潮州欖角

鹹熟花生

炸花生

甘草黑欖

青欖

南薑鹹欖

潮州烏欖

潮州椒醬肉

鹹蟹仔（蟛蜞）

遼紹（大頭）

豉油蜊蚶

錢螺醯

銀魚仔

銀魚麻葉

銀魚菜脯

狗母魚

剝皮魚

蠔仔肉碎粥

PEARL OYSTERS AND
MINCED PORK CONGEE

準備時間：15分鐘
烹調時間：5分鐘

◆ 材料

新鮮珠蠔 250 克　　白米飯 2 碗

絞豬肉 80 克　　　清雞湯 4 杯

鹽 1.5 茶匙　　　芹菜碎 1 湯匙

生粉 1 茶匙　　　冬菜 2 茶匙

冬菇 3 朵　　　　白胡椒粉少許

大地魚肉 10 克

材料選購： 珠蠔在香港叫做蠔仔，菜市場有售，一般有兩種蠔仔，要選擇由福建廈門或汕頭來貨的才是珠蠔，蠔肚雪白，價格略貴些，其他的可能是香港附近蠔場那些未長大的蠔而矣。

◆ 做法

1. 鮮珠蠔用 1 茶匙生粉揉擦，撿出蠔殼碎，用水沖洗乾淨，再煮沸水氽約 30 秒，瀝乾水份，備用。

2. 絞豬肉加 1/2 茶匙鹽和少許生粉拌勻，醃 15 分鐘。

3. 冬菇泡軟，去蒂，切成冬菇絲，備用。

4. 大地魚肉塊剪成約 1.5 厘米大的塊狀，用七成熱（約 170℃）的油炸至香脆，備用。

5. 白米飯用熱水浸洗片刻，盛在笊箕中瀝乾水份。

6. 清雞湯煮沸，放入絞肉和冬菇絲，攪勻至見絞肉煮熟，倒入白米飯同煮沸。

7. 加入 1 茶匙鹽、蠔仔、芹菜碎及冬菜，沸煮約 1 分鐘，放入炸大地魚即成。

8. 吃時撒上胡椒粉。

◇◇◇◇ **烹調心得** ◇◇◇◇

- 煮沸水，把珠蠔氽至半熟才放入粥中，是家庭式的做法，把蠔氽過水會比較乾淨。

- 炸大地魚肉要用小火七成熱的油來炸，否則很容易炸焦。

- 做泡飯粥的白米飯要用熱水浸洗過，米飯粒才不會黏在一起。

Preparation time: 15 minutes / Cooking time: 5 minutes

◆ Ingredients

250 g fresh pearl oysters

80 g minced pork

1.5 tsp salt

1 tsp corn starch

3 pcs dried black mushroom

10 g dried flounder flesh

2 bowls cooked rice

4 cups clear chicken broth

1 tbsp Chinese celery, chopped

2 tsp preserved turnip

a pinch white pepper

◆ Method

1. Gently rub 1 tsp of corn starch into the pearl oysters by hand, pick out any broken pieces of oyster shells, and rinse thoroughly. Blanch oysters for about 30 seconds and drain.

2. Marinate minced pork with 1/2 tsp of salt and a pinch of corn starch for 15 minutes.

3. Soften mushrooms with water, remove stems and cut into thin slices.

4. Cut flounder into about 1.5 cm square pieces and deep fry in medium hot oil (about 170°C) until crispy.

5. Briefly soak cooked rice in hot water and then drain.

6. Boil chicken broth in a pot, add minced pork and mushrooms and stir until minced pork is cooked, then put in cooked rice and bring to a boil.

7. Add oysters, chopped Chinese celery, preserved turnip and 1 tsp of salt. Boil for about 1 minute and then add crispy flounder.

8. Add white pepper before serving.

普寧豆腐與普寧豆醬

　　有一種小吃，用料烹調都簡單無比，卻是潮汕人的至愛，那就是普寧炸豆腐，將炸得金黃的豆腐角蘸韭菜鹽水。小時候，外婆總是睡午覺後起床才做普寧炸豆腐，即炸即吃，外脆內軟，味道鹹香，這是外婆私密的下午茶，用來陪伴她那四兩雙蒸米酒，她細細咀嚼，恍惚在優閒地回味那逝去的潮州時光。外婆對炸豆腐的豆腐要求很高，她指定要買普寧豆腐，說它嫩滑而結實，而且只有它是點滷的豆腐，菜市場的豆腐是石膏豆腐，水分太多，沒有豆腐味。母親很孝順，總是在下班後帶着我，專門到九龍城的潮州雜貨店去買這種外皮帶點黃色的普寧豆腐，當然也順便買些佐粥的鹹雜小菜，這會使外婆高興很多天。

　　普寧市位於廣東省東南部，潮汕平原的西部，是中國著名的僑鄉之一。普寧市人口不多，但生產的豆腐製品卻是遠近馳名。在潮汕的菜市場，普寧豆腐店是專賣檔口，售賣普寧生產的豆腐、豆腐乾、豆卜、枝竹、腐皮等，品種繁多，當然，也有潮汕人的最愛：普寧豆醬。

普寧豆腐

潮汕人有一句諺語：「熟過老豆醬」，意思是比喻對某件事情或對某人，非常的熟悉，了解深透的意思；也可以指在工作上很有經驗，不用擔心會失手的意思。潮州菜中，豆醬是萬能老倌，可作蘸料，也可作做菜的調味品，其中以潮州普寧生產的豆醬最著名，幾乎凡是豆醬都冠以普寧。普寧豆醬自古已是潮汕人最常用的醬料之一，做法是用黃豆蒸煮後，加麵粉、菌種和鹽，經發酵曬製而成。據說自古洪陽地區出產的豆醬味道最佳，後來洪陽在明朝時期屬普寧縣，於是從此豆醬都以「普寧豆醬」為名，據《普寧縣志》記載，清道光時期，普寧豆醬已有規模地工廠生產，民國時期，普寧的醬園已有十多家，普寧豆醬成為潮菜烹調中不可缺少的醬料之一，隨着潮菜走遍天下。

普寧豆醬在潮州菜中用途廣泛，除作為吃潮州凍魚飯的蘸料外，常見的菜式有豆醬焗雞、豆醬焗蟹、豆醬蒸排骨、豆醬蒸竹仔魚、豆醬蒸沙魚、豆醬炒通菜、豆醬炆豆腐、豆醬炆魚。

普寧豆醬

豆醬蒸沙鯪魚

STEAMED SAND BORER WITH PUNING BEAN SAUCE

潮 州人的沙鯪魚，是亞洲常見的魚類，我們多叫做沙尖或沙鑽魚，內地則稱為多鱗（鱚）；日本方面，這是屬於做天婦羅和醋漬的魚類，喚作 Kisu。

汕頭魚產豐饒

準備時間：5 分鐘 ／ 烹調時間：10 分鐘

◆ 材料

沙鯪魚 2-3 條
薑 10 克
唐芹 1 棵
紅尖椒 1 隻
普寧豆醬 1 湯匙
魚露 1 茶匙
蒜頭 2 瓣

◆ 做法

1. 薑切絲，蒜頭切片，紅尖辣椒斜切，唐芹去頭去葉切 4 厘米段，洗淨備用。

2. 沙鯪魚宰好洗淨，瀝乾水份，內外抹上魚露，放在蒸碟中。

3. 把魚放入蒸鍋中，用大火蒸約 7 分鐘，取出，倒出碟中蒸魚水留用。

4. 大火燒熱 2 湯匙油，把蒜片、豆醬和薑絲爆香，放入紅尖辣椒和唐芹共炒。

5. 加入蒸魚的水，煮沸後埋薄芡，把汁淋上魚上即成。

沙鯪魚

STEAMED SAND BORER
WITH PUNING BEAN SAUCE

Preparation time: 5 minutes / Cooking time: 10 minutes

◆ **Ingredients**

2-3 pc sand borer

10 g ginger

1 stalk Chinese celery

1 pc red chili pepper

1 tbsp Puning bean sauce

1 tsp fish sauce

2 cloves garlic

◆ **Method**

1. Shred ginger and slice garlic, and make slant cuts to shred chili pepper. Remove roots and leaves of Chinese celery and cut stems into 4 cm sections.

2. Descale and clean sand borer, drain, brush inside and out with fish sauce, and put on a plate.

3. Steam fish over high heat for about 7 minutes, pour out the steam fish juice from the plate and save for later use.

4. Stir fry garlic, shredded ginger and bean paste in 2 tbsp of oil over high heat, and stir in chili pepper and Chinese celery.

5. Add steam fish juice, bring to a boil and make thin sauce with corn starch. Finally pour the sauce over the fish.

豆醬焗肉蟹

BRAISED CRAB
IN PUNING MIX

準備時間：10 分鐘 ／ 烹調時間：20 分鐘

◆ **材料**

肉蟹 900 克	清雞湯 125 毫升
肥豬肉 100 克	葱白 2 條
普寧豆醬 3 湯匙	生粉 125 毫升
芝麻醬 1 湯匙	糖 1 茶匙
薑 20 克	紹酒 1 湯匙

◆ **做法**

1. 肉蟹宰好，掀起蟹蓋，把蟹身斬為 6 件，洗淨，瀝乾水份。

2. 把肉蟹沾上生粉，燒熱 750 毫升油至中高溫（約 170°C），把肉蟹炸至金黃，取出瀝油。

3. 薑去皮切片，葱白切 4 厘米段，備用。

4. 把普寧豆醬的豆粒壓爛，拌入芝麻醬、糖和紹酒拌成醬汁。

5. 肥豬肉切成 1/2 厘米粒，慢火炸透成豬油及豬油渣，豬油渣取出備用。

6. 大火燒熱豬油，爆香薑片，把肉蟹和醬汁加入同炒，潷酒兜勻，倒入清雞湯，煮沸，蓋上鍋蓋。

7. 改中火焗煮 10 分鐘，開蓋，加入豬油渣及葱白段炒，即可上碟。

BRAISED CRAB IN PUNING MIX

> Preparation time: 10 minutes / Cooking time: 20 minutes

◆ Ingredients

900 g meaty crab

100 g fatty pork

3 tbsp Puning bean paste

1 tbsp sesame paste

20 g ginger

125 ml clear chicken broth

2 stalks spring onion stems

125 ml corn starch

1 tsp sugar

1 tbsp Shaoxing wine

◆ Method

1. Lift the carapace (crab's cover), wash and cut crab's body into 6 chunks, drain.

2. Heat 750 ml of oil to medium high heat (about 170°C), coat crab pieces with corn starch, and deep fry until golden brown. Drain excess oil.

3. Peel and slice ginger, and cut spring onion stems into 4 cm sections.

4. Mash Puning bean paste, and mix with sesame paste, sugar and wine to form Puning mix.

5. Cut fatty pork into 1/2 cm cubes and pan fry over low heat into pork crisps and lard. Remove pork crisps for later use.

6. Stir fry ginger slices in lard over high heat until pungent, add crab and Puning mix, dribble wine along the side of the wok, put in chicken broth, bring to a boil and cover.

7. Reduce to medium heat and continue to braise for 10 minutes. Remove cover, add pork crisps and spring onion, toss well and serve.

豆醬雞翼

CHICKEN WINGS
IN BEAN SAUCE

準備時間：10 分鐘 ／ 烹調時間：10 分鐘

◆ 材料

雞中翼 450 克　　　乾葱 2 粒

肥豬肉 10 克　　　糖 1/2 茶匙

普寧豆醬 2 湯匙　　紹酒 1/2 湯匙

芝麻醬 1/2 湯匙　　水 125 毫升

薑汁 1 湯匙

材料選購：
買急凍的雞
中翼即可。

◆ 做法

1. 雞中翼洗淨，大火煮一大鍋沸水，把雞中翼放入沸水中氽至雞皮收縮，取出瀝乾水份，吹涼。

2. 肥豬肉切小粒，乾葱剁碎。

3. 把普寧豆醬的豆粒壓爛，加入芝麻醬、糖、薑汁和紹酒拌成醬汁。

4. 在鑊裏下 1 湯匙油，用中火把肥豬肉粒煎香，加入乾葱爆香，放進醬汁煮沸。

5. 放入雞中翼同炒，加水 125 毫升用大火煮沸。

6. 轉中火繼續把雞中翼翻動，炒至收汁即成。

◇◇◇ 烹調心得 ◇◇◇

• 傳統潮菜中的豆醬焗雞，是用整隻嫩子雞醃醬料兩小時以上來焗；但用香港一般市場上的雞，體形較嫩子雞大，家中砂鍋蓋未必可以完全密封，所以我們改為豆醬炒雞中翼，方便一般家庭操作，效果非常好。

• 肥豬肉粒是很重要的材料，能夠增加香滑的口感。

CHICKEN WINGS IN BEAN SAUCE

Preparation time: 10 minutes / Cooking time: 10 minutes

◆ Ingredients

450 g chicken wing, middle section

10 g fatty pork

2 tbsp Puning bean sauce

1/2 tbsp sesame paste

1 tbsp ginger juice

2 pc shallot

1/2 tsp sugar

1/2 tbsp Shaoxing wine

125 ml water

◆ Method

1. Wash and blanch chicken wings, drain and allow to cool.
2. Cut fatty pork into tiny pieces and chop shallots.
3. Mash beans in Puning bean sauce, and mix with sesame paste, sugar, ginger juice and wine to form Puning bean paste
4. Pan fry fatty pork in 1 tbsp of oil over medium heat in a wok, stir in shallot until pungent and mix in Puning bean paste.
5. Put in chicken wings, stir fry, add 125 ml of water and bring to a boil.
6. Continue to stir fry chicken wings until the sauce thickens.

家鄉白茄

EGGPLANT, CHAOZHOU STYLE

準備時間：10 分鐘
烹調時間：20 分鐘

潮州人有一句諺語，不過要用潮州話講才會押韻，諺語是：留命食秋茄，留目看世上，意思是做人要有耐性，凡事放長眼看，世間事總會有結局，善有善報，惡有惡報，若然不報，只是時辰未到而矣。

然而，吃茄子與世情又有何關係呢？茄子是夏天收成的瓜菜，以前的農民沒有溫室大棚，種植不了反季節的瓜菜，秋天天氣轉涼，大部份的茄子籐就會陸續枯死，沒有枯死的也只會長出很弱的茄子；所以以前秋天吃茄子是很矜貴的，冬天就一定沒茄子吃。「留命吃秋茄」這句話，就是要耐心等待到秋天的意思，這是一種開解別人的說話，鼓勵那些被欺負的人，一定要努力活下去，要留着命看到事情的終結。

茄子也叫做矮瓜，品種很多，有長形茄子和圓茄，顏色有深紫色、青色、白色。茄子有清熱解毒，利尿消腫，降膽固醇等功效，多吃有益。

◆ 材料

白茄 500 克
花生米 50 克
白芝麻 3 克
蒜頭 6 瓣
普寧豆醬 1.5 湯匙
蝦米 10 克
糖 1/2 茶匙

◆ 做法

1. 白茄去蒂，用刀切成約 4 厘米段，把茄段隔水蒸至變軟熟透。
2. 蒜頭去皮剁茸，蝦米浸軟後剁碎，備用。
3. 把普寧豆醬中的豆粒搗爛，加入糖拌勻備用。
4. 將花生米用白乾鑊中小火焙熟（或用微波爐焗），取出攤開待冷卻後脫去花生衣，用重物碾碎成花生碎。
5. 把白芝麻和花生碎用白乾鑊炒香，備用。
6. 燒熱2湯匙油，中火爆香蒜茸，倒入蝦米和豆醬同炒。
7. 把已蒸好的白茄放入，用鑊鏟把白茄在醬汁中稍為揉爛炒勻，取出放在碟上。
8. 最後灑上花生芝麻碎即成。

白茄

◇◇◇ **烹調心得** ◇◇◇

- 凡茄子都是寡物，放油少了會不好吃。
- 傳統潮菜是用白茄來做這道菜，但改用普通紫色茄子或圓茄都可以。
- 第一次炒花生，主要是為了去衣，第二次與芝麻同炒才會熟透和炒香。

EGGPLANT CHAOZHOU STYLE

◆ **Ingredients**

500 g white egg plants

50 g peanuts

3 g white sesame

6 cloves garlic

1.5 tbsp Puning bean paste

10 g dried shrimps

1/2 tsp sugar

Preparation time: 10 minutes
Cooking time: 20 minutes

◆ **Method**

1. Remove stems, cut eggplants into 4 cm sections and steam until soft.
2. Skin and grate garlic, chop dried shrimps after softening in water.
3. Mash Puning bean paste and mix well with sugar.
4. Roast peanuts in an un-greased pan over low heat, remove bran, and crush.
5. Roast white sesame and peanuts until pungent.
6. Heat 2 tbsp of oil over medium heat, stir fry grated garlic, then stir in dried shrimps and Puning bean paste.
7. Add eggplant, mash in the wok together with other ingredients with a spatula.
8. Finally add crushed peanuts and sesame.

魚露

潮州有三寶：菜脯、鹹酸菜、魚露。有人說魚露是汕頭澄海人發明的，始創於清代，已有好幾百年歷史。澄海附近的海域，出產一種小魚叫江魚仔，每年的產量都很豐富，澄海人把江魚仔用鹽醃製一年左右，再經過浸漬、濾渣、消毒、蒸煮、包裝，就成了顏色赭紅，香濃鮮美的魚露。魚露的製法由漂洋過海的潮汕人傳到泰國和越南，用當地各種廉價小魚做原料，是泰國菜和越南菜最常用的調味料，而且成了著名的特產。魚露的製法也傳到日本，製成的鰹魚露，是涼拌豆腐和麵條常用的調味料。

魚露是潮州菜的御用調味料，也可以用作蘸料，是最具潮汕地方色彩的調味料，地位相等於粵菜中的生抽、老抽和蠔油，不少傳統潮菜，甚至不會放鹽來調味，只用魚露。例如本書中的魚露薑汁炒芥蘭，就是完全靠魚露來調味。

脆薑魚露炒豬肉，是我外婆家常做的菜式，佐粥吃飯都適宜。以前的大家庭，人多勢眾聚居在一起，小孩子和老人，讀書和工作的人，作息的時間都不同，由早餐到晚上宵夜，各人隨時回家就跑到廚房找飯吃，廚娘也就一定有一些常備的菜式，可以立刻拿出來給他們吃。這類菜式不會是現炒的，所以要耐放；一大碗的魚露炒豬肉或炒雞球，就是潮汕人家常備的美味菜式。在這道菜中加上脆薑，是我們後來新添出來的主意，信不信由你，這道菜中的脆薑，比豬肉更惹味，是最受歡迎的呢！

魚露　　　　　　　五花腩

脆薑魚露炒豬肉

STIR FRIED PORK WITH CRISPY GINGER

脆薑魚露炒豬肉

準備時間：5 分鐘 ／ 烹調時間：30 分鐘

◆材料

五花腩 450 克
魚露 1.5 湯匙
紅糖 1.5 茶匙
紹興酒 2 湯匙
薑 50 克
油 250 毫升

◆做法

1. 薑洗乾淨後連皮切片，用 1 茶匙紅糖醃過，攤開風乾過夜。

2. 把帶皮的豬肉蒸 20 分鐘，再切成厚 1/2 厘米、如麻將牌般大小的肉塊。

3. 燒紅鑊，下油燒至中溫（約 150°C），用中火把薑炸脆取出備用。油盛起，只留約 2 湯匙在鑊裏。

4. 先用中火把豬肉和一半脆薑略炒，再加入魚露和 1 湯匙紹興酒同炒至差不多乾水。

5. 放入餘下的 1 湯匙紹興酒和 1/2 茶匙紅糖，快炒至豬肉乾身，再拌入剩下的脆薑。

6. 一同品嘗脆薑和豬肉。

◇◇◇ **烹調心得** ◇◇◇

• 薑經過加糖醃製後變成糖薑，炸脆後的薑略帶甜味，正好和魚露的鮮味配合。

• 豬肉要帶皮的，吃起來才會爽口。

STIR FRIED PORK WITH CRISPY GINGER

Preparation time: 5 minutes / Cooking time: 30 minutes

◆ Ingredients

450 g pork belly with skin

1.5 tbsp fish sauce

1.5 tsp red sugar

2 tbsp Shaoxing wine

50 g ginger

250 ml oil

◆ Method

1. Wash and slice unpeeled ginger, marinate with 1 tsp of red sugar, and spread out to dry overnight.

2. Steam pork for 20 minutes and then cut into 1/2 cm thick slices.

3. Heat oil in wok to medium temperature (about 150°C), and deep fry ginger over medium heat until crispy. Remove ginger and pour out oil leaving only about 2 tbsp of oil in the wok.

4. Stir fry pork and half the crispy ginger over medium heat, add fish sauce and 1 tbsp of Shaoxing wine, and stir fry until sauces are almost gone.

5. Put in the remaining 1 tbsp of Shaoxing wine and 1/2 tsp of red sugar, stir fry rapidly and then add the remaining crispy ginger.

6. Crispy ginger should be taken together with the pork.

大地魚焗豬手

BRAISED PIG'S FEET WITH FLOUNDER

市場上這類臥式游泳，兩隻眼睛走在一起的扁身魚類很多，常見的有鰨沙、左口魚、七日鮮、牛舌魚、多寶魚等，全部都可以統稱為比目魚。大多數人以為牠們都是同科的魚，其實七日鮮（鰈魚）屬鰈科，鰨沙（龍脷）屬鰨科，左口魚屬鮃科，牛舌魚屬舌鰨科，而以多寶魚的科屬最為混亂，由於多寶魚的口是朝左的，應為鮃科。

大地魚，潮州人稱為「鰈脯」。漁民把捕到的鰈魚剖開邊，曬乾之後就是我們在海味乾貨店買到的大地魚。把大地魚烘乾或油炸後再磨成粉，味道濃香，可增加菜式的鮮味和香味；傳統的廣東雲吞麵中，雲吞餡料就加了大地魚粉，而雲吞的湯也用大地魚的魚骨熬成，所以特別惹味。

大地魚乾

準備時間：15 分鐘 ／ 烹調時間：2 小時

◆ 材料

大地魚乾 20 克	麵豉 1 湯匙
豬腳尖 900 克	糖 2 茶匙
薑 20 克	魚露 1 湯匙
紅糟 2 湯匙	紹酒 1 湯匙

材料選購：

1. 我們認為選購豬腳尖比整隻豬手更好，因為豬手上有較多的瘦肉，煮的時間長了口感會變柴皮。

2. 大地魚可以買整條的，但是比較難處理，最方便是買已經撕出來的大地魚柳乾。

◆ 做法

1. 把大地魚乾用濕布抹淨，再用白鑊烘香，或用焗爐烘香撕成碎片備用。

2. 豬腳尖洗淨後汆水。

3. 薑去皮後切成薄片。

4. 用中火及 2 湯匙油把薑和大地魚爆香，加進紅糟和麵豉略炒，再放入豬腳尖、紹酒、魚露、糖和水 1000 毫升，轉大火煮沸。

5. 加蓋，轉小火把豬腳尖焗約 1.5 小時至夠軟身，收汁即成。

◇◇◇ **烹調心得** ◇◇◇

- 大地魚最好是用濕布抹乾淨，如果要洗，也只能略沖一下再抹乾。不要浸泡，否則便失去了味道。
- 大地魚烘乾後再用油爆過會增加香味，所以應該和薑一起下鍋。

BRAISED PIG'S FEET WITH FLOUNDER

Preparation time: 15 minutes / Cooking time: 2 hours

◆ Ingredients

20 g dried ridge eye flounder

900 g pig's trotter, cut in pieces

20 g ginger

2 tbsp red distiller's grain sauce

1 tbsp bean paste

2 tsp sugar

1 tbsp fish sauce

1 tbsp Shaoxing wine

◆ Method

1. Clean fish fillet with a moist towel, and roast in an un-greased wok until pungent. Tear fish into small pieces.

2. Wash and blanch pig's trotters.

3. Peel and cut ginger into thin slices.

4. Stir fry ginger and fish fillet in 2 tbsp of oil over medium heat, add red distiller's grain sauce and bean paste, stir in pig's trotters, wine, fish sauce, sugar and 1 litre of water and bring to a boil over high heat.

5. Cover, reduce to low heat, simmer for about one and half hour or until pig's trotters soften and sauce thickens.

韭菜花炒鮮魷

STIR FRIED SQUID WITH FLOWERING CHIVES

潮州人愛吃魷魚，潮菜中就有不少魷魚的菜式，還把小魷魚以鹽醃鹹用以佐粥。說到魷魚，城市人立即聯想到膽固醇，似談虎色變。近年西方有醫學報告指出，魷魚雖然含膽固醇高，但也含一種抑制膽固醇堆積的牛磺酸，它可令膽固醇正常地被人體吸收和消化，哈哈！多謝造物主！事實上，就算正氣如白米飯，吃得太多也會壞胃，正常人只要均衡飲食，健康是福，食得更是福，美味如魷魚，偶然吃吃也無妨。

◆ 材料

鮮魷魚 1 隻約 500 克	魚露 1 茶匙
韭菜花 1 紮約 300 克	糖 1/2 茶匙
蒜頭 4 瓣	料酒 1 茶匙
乾葱頭 2 粒	麻油 1/4 茶匙
鹽 1/4 茶匙	冰水 1 大碗

準備時間：10 分鐘
烹調時間：5 分鐘

◆ 做法

1. 乾葱頭去衣切成一開四瓣，蒜頭剁茸。韭菜花洗淨切成 8 厘米長度，大火煮沸水迅速灼過韭菜花，撈起，瀝水備用。

2. 魷魚切開腔，撕去外層薄膜和附翼不要，洗清內臟。

3. 在砧板上鋪一張廚紙，把魷魚腹內向上平放，左手輕按魷魚用斜刀交叉剞上花紋。

4. 剞完花後，再橫切成約 6 厘米長段，然後再直切成 4 厘米寬的魷魚塊。

5. 用鑊燒一大鍋水，左手持一漏勺，右手倒入魷魚塊，立即熄火，右手用筷子散開魷魚，余燙約 6-7 秒左右，立即用漏勺撈出魷魚，倒在大碗冰水中，浸到水溫不再冷，撈出魷魚瀝水，放在廚紙或毛巾上把水份印乾備用。

6. 大火燒開 2 湯匙油，爆香乾葱和蒜茸，倒入魷魚，下鹽和魚露，爆炒數下，灒酒，加糖和韭菜花快速同炒，灑入麻油，埋薄芡，即成。

◇◇◇ **烹調心得** ◇◇◇

- 魷魚太滑容易移動，所以在砧板上先鋪一張廚紙便可固定魷魚。

- 魷魚太易熟，熄火余水的原因是要把魷魚灼到僅熟，左手持漏勺，隨時準備撈起魷魚，以免手忙腳亂時，把魷魚煮過了火。用筷子撥散魷魚是為了均勻受熱。再浸冰水可使魷魚再迅速收緊，達到爽脆而不出水的目的。

STIR FRIED SQUID WITH FLOWERING CHIVES

> Preparation time: 10 minutes / Cooking time: 5 minutes

◆ **Ingredients:**

about 500 g fresh squid (one)

about 300 g flowering chives

4 cloves garlic

2 pc shallots

1/4 tsp salt

1 tsp fish sauce

1/2 tsp sugar

1 tsp wine

1/4 tsp sesame oil

1 large bowl ice cold water

◆ **Method:**

1. Peel shallots and cut into quarters, peel and chop garlic. Rinse flowering chives, cut into 8 cm sections and blanch.

2. Cut open the squid from the stomach side and remove all viscera, tear off and discard the fins and the membrane on the outside.

3. Place the squid stomach side up on a piece of kitchen paper towel on top of the chopping board, hold the squid flat with one hand and make shallow crisscross cuts with a knife in the other hand.

4. Cut squid into 6 cm by 4 cm pieces.

5. Boil water in a wok, hold a colander in one hand, put squid pieces into the water with the other hand and turn off the heat immediately. Disperse squid pieces in the water with chopsticks immediately and take out using the colander after about 6-7 seconds, and immerse squid immediately in a bowl of ice cold water. Take out squid when the water is no longer cold and pat dry with kitchen towels.

6. Heat 2 tbsp of oil over high heat, stir fry shallots and garlic until pungent, put in squid, salt and fish sauce, stir, add wine, sugar and flowering green chives, and stir fry rapidly. Finally add sesame oil and thicken sauce slightly with corn starch.

蘿蔔唐芹煮黃腳鱲

BRAISED FISH WITH TURNIP
AND CHINESE CELERY

準備時間：20 分鐘 ／ 烹調時間：20 分鐘

◆ 材料

黃腳鱲 1 條約 250 克
白蘿蔔 200 克
清雞湯 250 毫升
薑 10 克
唐芹 1 棵

紅辣椒 1 隻
鹽 1/2 茶匙
糖 1/2 茶匙
魚露 1 湯匙
生粉 1 茶匙

◆ 做法

1. 薑切片，紅辣椒斜切，唐芹去頭去葉後切成 5 厘米段，洗淨備用。

2. 白蘿蔔去皮，切成 5 厘米長的厚片，備用。

3. 把魚宰好洗淨，瀝乾水份，內外抹上鹽醃 15 分鐘，抹乾水份。

4. 大火燒熱 2 湯匙油，把魚拍上薄薄的一層生粉，放入鑊裏煎至一面金黃，再煎另一面，煎透取出。

5. 大火燒熱 2 湯匙油，把薑片爆香，放入白蘿蔔、糖和魚露炒勻，加入清雞湯，沸煮至白蘿蔔熟透。

6. 把魚、紅辣椒和唐芹放入同煮約 2 分鐘，即成。

黃腳鱲

BRAISED FISH WITH TURNIP AND CHINESE CELERY

Preparation time: 20 minutes / Cooking time: 20 minutes

◆ Ingredients:

1 pc about 250 g yellow fin sea bream

200 g turnip

250 ml clear chicken broth

10 g ginger

1 bunch Chinese celery

1 pc red chili pepper

1/2 tsp salt

1/2 tsp sugar

1 tbsp fish sauce

1 tsp corn starch

◆ Method:

1. Slice ginger, slant cut red chili pepper, chop off root and leaves of the Chinese celery and then wash and cut the stems into 5 cm sections.

2. Peel turnip and cut into 5 cm long thick slices.

3. Clean and wash fish, marinate with salt in and out for 15 minutes, and then pat dry with kitchen towels.

4. Heat 2 tbsp of oil over high heat, coat fish with a thin layer of corn starch, pan fry until one side is golden brown, flip over and brown the other side.

5. Heat 2 tbsp of oil over high heat and stir fry ginger until pungent. Stir in turnip, sugar and fish sauce, add chicken broth, bring to a boil and cook until the turnip is thoroughly cooked.

6. Add fish, red chili peppers and Chinese celery and cook for about 2 more minutes.

煙花風月六篷船

潮州府城的太平路，長約兩公里，街上佈滿鱗次櫛比的古牌坊，潮州人稱為「石亭」。自古以來，這裏都是潮州的核心地帶，見證着千年古城的興衰。歷史悠久的太平路古稱「大街」，形成於北宋，到民國時期，軍閥洪兆麟佔據潮州，在開闢馬路時，掘出一塊巨大的古石碑，上刻「太平」二字，於是命名為「太平路」；可惜古石碑在後來的戰亂中失去，現在有些傳統潮州人仍稱這裏為「大街」。外婆在府城英聚巷的故居，就是大街上的橫街，以前這裏附近都是豪門大宅，解放後慘被佔用及胡亂拆建，英聚巷風光不再，現只留下後人的無限唏噓。

由太平路往後面步行約5分鐘，就是舊城牆，古城牆內的府城，穿過城門，就是韓江，再向前行不遠，就是湘子橋，也就是廣濟橋。清康熙年間，開放海禁，潮州汕頭成為了經濟貿易的中心，而潮州的風月（娼妓）業，也隨之而興起，韓江上的六篷船，就是著名的煙花之地，在文人的筆下，有過不少美麗而浪漫的傳說。

我的外婆自小聰明過人，精通珠算，十幾歲就在家中掌管財政，是父母的掌上明珠。外婆長得高高瘦瘦，瓜子臉加上深深的大眼睛，是潮州府城的大美人。因為怕痛，外婆堅持不纏足，父母也只能由着她，結果是名門閨秀，生就「觀音頭掃把腳」；話雖如此，來家中說媒的人還是很多。外婆很有性格，她常常在晚上換上男裝袍服，扮成風度翩翩的貴公子，帶上弟弟和家丁，去韓江的六篷船喝花酒。有一次被一位富豪老爺看上了這個假公子，請媒人上門來為他的寶貝女說親，外婆的父母才知道女兒闖了禍，賠禮道歉之餘，從此禁止外婆晚上外出。剛好我外公的媒人前來說親，雖然是浙江諸葛名門，唯父母雙亡，外婆的母親卻因為將來女兒不用受公婆的氣，馬上答應了婚事，也正好管住了膽大包天的女兒。婚後，外公回浙江無錫工作，外婆也就順理成章地留在潮州外家，還在那裏生育了四個兒女，而我母親在外婆家長大，到十幾歲時才離開潮州，回到無錫上中學。

魚露薑汁生炒芥蘭

STIR FRIED CHINESE BROCCOLI

朋友來我家飯聚，多數由陳紀臨下廚，我負責招呼客人。其實陳家廚坊不是開門做生意，來我家的客人，都是多年老友死黨，他們老實不客氣，有想吃的菜式，就打電話來預早通知，有幾位還聲明了吃完還要打包，我就會叮囑請帶備私家塑料盒；話雖如此，家中的大小盒子仍是會悄悄移了民，有摯友最是無微不至心細如塵，乾脆一次過買來大堆盒子放在我家。老朋友們如此「俾面」捧場，只要我們有空，就一定來者不拒，談天說地，嘻嘻哈哈又一晚，不亦樂乎。每到秋冬季節，芥蘭當茬，家中飯局吃到一半，我家老陳就會離座進入廚房，只聽得叮叮噹噹，三五分鐘，就捧出一大碟香噴噴綠油油的薑汁炒芥蘭，各人即時把筷子伸向芥蘭，手快有手慢就冇（沒有），可見其受歡迎程度。

粵菜食肆炒菜芯芥蘭的方法，多為軟炒；就是預先把菜在沸水中氽熟，有「柯打」時就落鑊炒，炒出來的菜是軟身的，保證全熟，但絕不脆口。炒芥蘭是潮菜廚師的入門證書，看潮菜酒家是否地道，最好的方法是品嘗一道炒芥蘭，如果芥蘭是先灼後炒，必定是濫竽充數。

潮汕有句關於烹調的俗話：「猛火厚勝芬魚露」，即一是火候要足，二是用豬油（厚勝），三是以魚露調味。這樣炒出來的菜才會爽嫩，有油光，而且有鮮味。我家炒芥蘭，一定是用潮汕人的方法，用的是自家製的豬油或者是肥豬肉片。「生炒」的意思是把生的芥蘭落鑊炒，不會先灼熟。放下芥蘭後全程猛火不斷爆炒，不加水，不加蓋，不加鹽，只放料酒、糖、魚露，僅熟即起，炒出來的芥蘭是碧綠爽脆而有鑊氣。

準備時間：10分鐘 ／ 烹調時間：5分鐘

◆材料

芥蘭 600 克

肥豬肉 30 克

薑 20 克

糖 1 茶匙

紹酒 1 湯匙

魚露 1 湯匙

> **材料選購：**當茬的芥蘭是粗幼都好吃，風味各異，各人喜好不同，如果買的是荷塘芥蘭（芥蘭的主莖粗），就要削去厚皮及斜切薄片來炒。

◆做法

1. 芥蘭摘去老葉，洗淨後瀝乾水份，斜刀切成適合長度。
2. 肥豬肉放在冰箱凍格中 2 小時，取出切成薄片。
3. 薑去皮磨成茸，擠出薑汁放在小碗中，拌入紹酒和糖，薑渣不要。
4. 中火燒熱2湯匙油，下肥豬肉片煎至金黃，放下芥蘭，改用大火不停爆炒。
5. 見芥蘭開始變熟，把薑汁酒淋下再爆炒，最後加入魚露炒勻即可上碟。

◇◇◇ 烹調心得 ◇◇◇

- 肥豬肉不易薄切，放在冰箱凍格中 2 小時，使之稍為變硬才切就容易多了。
- 由於要快手爆炒，所以要預先把薑汁酒預備好，以避免手忙腳亂。
- 薑汁、酒和魚露已經有 3 湯匙，所以不用再加水。蔬菜在鑊裏不要炒得太熟，因為上碟後菜本身的溫度會把菜再煮熟一些。
- 切芥蘭時要切成過枝，即每一根菜連着一段分枝（Y形），炒的時候菜中有空間，熱力較容易滲透到每一根菜，上碟時又好看。

STIR FRIED CHINESE BROCCOLI

Preparation time: 10 minutes / Cooking time: 5 minutes

◆ **Ingredients:**

600 g Chinese broccoli

30 g fatty pork

20 g ginger

1 tsp sugar

1 tbsp Shaoxing wine

1 tbsp fish sauce

◆ **Method:**

1. Rinse, clean and cut vegetables to suitable size.
2. Freeze fatty pork for 2 hours and cut into thin slices.
3. Peel and grate ginger and extract juice into a small bowl to be mixed with wine and sugar. Discard ginger dregs.
4. Brown fatty pork in 2 tbsp of oil over medium heat, add vegetables and stir fry rapidly over high heat.
5. Stir in ginger juice, wine and sugar mix when the vegetables are half cooked, finally add fish sauce, toss and serve.

潮州清湯牛腩

BEFF BRISKET IN CLEAR BROTH

潮州菜崇尚原汁原味，「鮮」是材料新鮮，這是原汁原味的基礎，而「清」是講求湯汁顏色清淡而有光澤，令人在視覺上增加食欲。

潮州菜的「清湯」與「清燉」，是兩種完全不同的做法。「清湯」是潮州一種獨有的烹調技巧，這個「清」字不單是形容顏色上的清晰。「清湯」是將灼熟或蒸熟的材料排在湯碗中，然後倒入煮沸的上湯而成菜，多數會用於嫩薄易熟的材料，烹調時間很短，造型講究。菜式例如「清湯海螺」、「清湯蝦丸」、「清湯蓮花豆腐」、「清湯魚盒」、「清湯鴿蛋」，也有將厚實的材料來做清湯的菜式，例如「清湯牛腩」。

中國人吃牛肉，最喜歡吃牛腩，特別是廣東人稱為「牛坑腩」的部份，在北方的市場上稱為「牛肋條」。牛腩脂肪多，肉質較鬆，最適合做燜菜和煮湯，煮至肉腍的牛腩，香滑甘腴，老幼皆宜。

做潮州清湯牛腩，湯當然要清。你想想看，牛腩再加上花椒八角陳皮等香料，再煲上兩小時，煮出來的湯一定是混濁的，無論用器皿隔多少次，都不可能變成清湯，這個問題難到了很多主婦。清湯腩的秘訣，其實很簡單，煮過牛腩的湯和香料渣都不要，另加上湯或雞湯伴牛腩上桌，便成了一煲美味的潮州清湯腩了。

不要以為丟掉煮牛腩的湯會很浪費，其實牛肉的湯雖然有牛肉味，但不會像豬肉湯和雞湯那樣有鮮甜味，由於湯裏有不少香料，無論是湯還是汁，都不會好喝；因為牛肉羶味重，不放香料就辟不了羶味。而且，煮過牛腩的湯，油脂非常多，對健康無益，倒掉要比吃進肚子裏好得多。別以為在外邊食肆吃牛腩粉的湯很好味，其實他們不加人工味道就不好吃。

準備時間：15 分鐘 ／ 烹調時間：2 小時

◆ **材料**

牛坑腩 600 克

白蘿蔔 400 克

清雞湯 / 上湯 500 毫升

薑片 20 克

八角 2 粒

花椒 1 茶匙

陳皮 1 角

羅漢果 1/10 個

白胡椒粒 1 茶匙

鹽 適量

◆ **做法**

1. 先把整塊牛腩汆水 10 分鐘，取出用清水沖至涼（過冷河）。

2. 白蘿蔔刨去皮，切成塊，汆水後撈出，備用。

3. 把牛腩放在大鍋裏，加入薑片、八角、花椒、陳皮、羅漢果和白胡椒粒，再加清水至完全覆蓋牛腩。大火煮沸後轉小火，維持湯面微滾，加蓋燜約 90 分鐘後挾出牛腩，用清水把牛腩上的油脂洗掉，鍋中湯汁不要。

4. 用瓦鍋煮沸清雞湯或上湯，放入牛腩和蘿蔔，加適量鹽調味，再煮沸後轉小火，加蓋煮約 15 分鐘。

5. 取出牛腩切片，排在蘿蔔上，原煲上桌即成。

◇◇◇◇ **烹調心得** ◇◇◇◇

- 牛腩要整塊煮，減少收縮。

- 清湯腩的味道主要是從清雞湯或上湯而來，最後燜的過程可以讓牛腩吸收湯的鮮甜味。

- 白蘿蔔先汆水，減少苦味，特別是夏天的白蘿蔔。

- 牛肉遇鹽就會收縮，所以煮牛肉或牛腩時，不能過早放鹽，否則肉質就會變韌。秘訣是先用適量的水煮腍或蒸腍了，然後才加鹽和其他調味品，這樣做肉味和腍度最好。

BEFF BRISKET IN CLEAR BROTH

Preparation Time: 15 minutes / Cooking Time: 2 hours

◆ Ingredients

600 g beef brisket

400 g turnip

500 ml clear chicken broth

20 g ginger, sliced

2 pc star anise

1 tsp Sichuan pepper

1 section aged tangerine peel

1/10 pc dried lohan fruit

1 tsp white peppercorn

salt as needed

 **Tips**

- Boil beef uncut to reduce shrinkage.
- Simmering beef in chicken broth will allow beef to fully absorb the flavor from the broth.
- Blanching can reduce the bitterness of the turnip, especially from summer crop.
- Salt should only be added during the last stages to prevent the meat from toughening.

◆ Method

1. Blanch beef brisket uncut for 10 minutes, rinse with cold water.

2. Peel, cut turnip into chunks and blanch.

3. Put beef in a large pot, add ginger, star anise, Sichuan peppers, aged tangerine peel, lohan fruit and white peppercorns, top up with water to cover beef completely. Bring to a boil and reduce to low heat, cover and simmer for 90 minutes. Take out beef and rinse thoroughly with cold water. Discard water in the pot.

4. In a casserole, bring chicken broth to a boil, add beef and turnip, season with salt appropriately, re-boil and reduce to low heat. Cover and simmer for about 15 minutes.

5. Cut beef into slices and arrange on top of turnip. Serve in the casserole.

碩果僅存的駙馬府

我們去潮州時，從外婆英聚巷老家出來，順道到古城中山路的許駙馬府參觀。這是一座規模宏大結構整齊的宋代建築，保存及維修做得很好，而且參觀門票平宜，真是極之超值，值得推薦。讀者如有機會去潮州旅行，一定要參觀這座許駙馬府，位置在潮州的市中心。

許駙馬府是全國重點保護建築物之一，據說是民間唯一保存下來的駙馬府。許駙馬府坐北朝南，建於北宋英宗治平年間（公元 1064 年），是英宗皇帝趙曙的女兒德安公主的駙馬許珏的府第，距今已有近九百年歷史。許珏是宋代潮州八賢之一許申之孫，自小天資聰穎，出類拔萃，被宋仁宗選為近衛武官，後娶英宗的長女德安公主為妻，成為駙馬，但由於當時英宗只是太子，所以駙馬府沒有建在京城，而是設在許珏的家鄉潮州祖居。後來英宗皇帝繼位，許駙馬已是地方官員，於是這間潮州許氏大宅便從此成為駙馬府。

相傳德安公主曾問駙馬關於潮州祖居的情況，許珏回答：「前有千里龍潭，後有百里花園」，龍潭指的是韓江，而百里花園是指祖居後面，四季常綠的韓山。後來公主隨駙馬到了潮州，公主大讚說：「駙馬好眼力，千里龍潭映百里韓山」，可見駙馬府位置之優越。

駙馬府大宅為上好杉木結構，佔地 2450 平方米，三進五間的佈局結構嚴謹。進入大門後是一個大天井，而內外天井共十一處。大宅天井四邊是九曲檐廊，通往內院五十五間大小廳房，門窗皆有精美雕花，亭台樓閣，古樸大方。除了佈局宏偉規整之外，在排水、防潮、防風、抗震等方面，許駙馬府都有周密的原創設計，令人嘆為觀止，在中國古建築中少見，更特別體現了宋代潮州人的創意和智慧。

許駙馬府正門

潮式椒醬肉

SAUTÉED TIDBITS, CHAOZHOU STYLE

準備時間：15分鐘
烹調時間：10分鐘

潮州有三寶：菜脯、鹹菜、魚露。菜脯即蘿蔔乾，潮州人稱為菜脯，是潮汕人日常配白粥吃的雜鹹腌菜，也是炒菜常用的配料，是潮汕地區的名優特產。

潮州菜脯是選用優質白蘿蔔，用鹽水浸泡，然後再用鹽醃，蘿蔔變軟後取出暴曬三日，再放罐子中，加入八角、紅糖及酒，密封個多月即可取出食用。潮州菜脯以饒平高堂鎮出產的最著名，高堂菜脯早在幾百年前，已經享譽大江南北，尤其是在江浙地區，更是無人不識，說起潮州的特產，就是高堂菜脯。饒平高堂鎮位處平原，氣候溫和，日曬充足，種植的白蘿蔔個子大，味道甜美，最適合做潮州菜脯。高堂鎮的人幾乎家家戶戶都懂得做菜脯，他們自有祖傳嚴謹的製造方法，做出來的菜脯色香味俱全，遠近馳名，享譽中外。

◆ 材料

豬肉 200 克	潮州菜脯 50 克	蒜茸 1 湯匙	老抽 1 茶匙
青圓椒 1/2 個	五香豆乾 1 件	麵豉醬 1 湯匙	麻油 1 茶匙
紅辣椒 1 隻	蝦米 20 克	磨豉 1 茶匙	
冬菇 6 朵	花生 80 克	糖 2 茶匙	

◆ 做法

1. 冬菇和蝦米分別用水泡軟。
2. 把豬肉、青辣椒、紅辣椒、甜菜脯、冬菇及五香豆乾全部切粒。
3. 燒熱鑊，放 3 湯匙油，趁油涼時放入花生，慢火炸脆，取出待涼，備用。
4. 鑊中留 1 湯匙油，中火把麵豉醬、菜脯、五香豆乾及蝦米一起爆香，盛出備用。
5. 再燒熱鑊，加 1 湯匙油，大火爆香蒜茸及磨豉，加入豬肉粒炒熟，拌入青椒粒、紅辣椒和已爆香的材料，加老抽、糖、麻油炒至收汁，加炸花生兜勻即可上碟。

◇◇◇ 烹調心得 ◇◇◇

- 炸花生在最後才拌入椒醬肉中，可避免炸花生變臉不脆。
- 任何不出水的食材都可以用來做椒醬肉，當椒醬肉吃到差不多完的時候可以隨時加進新的材料，但不要忘記再炒的時候要增加調味料以保持原來的味道。

Preparation Time: 15 minutes / Cooking Time: 10 minutes

◆ **Ingredients**

200 g pork	80 g peanuts
1/2 pc green bell pepper	1 tbsp garlic, chopped
1 pc red chili pepper	1 tbsp bean paste
6 pc dried black mushroom	1 tsp bean sauce
50 g Chaozhou preserved turnip	2 tsp sugar
1 pc dried bean curd	1 tsp dark soy sauce
20 g dried shrimps	1 tsp sesame oil

◆ **Method**

1. Soften dried black mushroom and dried shrimps separately with cold water.

2. Dice pork, green bell pepper, red chili pepper, preserved turnips, black mushrooms and dried bean curd into 1 cm cubes.

3. Put 3 tbsp of oil in a heated wok, add peanuts while oil is still cool, reduce to low heat and fry peanuts until crunchy. Take out peanuts to cool.

4. Pour out oil leaving about 1 tbsp, stir fry bean paste, preserved turnip, dried bean curd and dried shrimps over medium heat until pungent. Remove from wok.

5. Heat 1 tbsp of oil in the wok over high heat and stir fry garlic and bean sauce, add pork and cook thoroughly, stir in green bell pepper, red chili pepper and other cooked ingredients, finally add dark soy sauce, sugar and sesame oil and stir fry until sauce thickens. Mix in peanuts before serving.

梅膏骨

PLUM PASTE SPARERIB

中國人喜歡吃零食，其中蜜餞（涼果）的品種繁多，口味基本上分為京式、蘇式、閩式和廣式，而廣式蜜餞是以潮州出產的為代表。潮汕地區是我國主要的蜜餞（涼果）製造業中心之一，生產有柑餅、話梅、嘉應子、鹹薑、鹹欖、黃蜜梅、青梅、鹹柑桔等蜜餞零食，供出口及內銷，馳名中外。我們在廣東省及港澳地區買到的涼果零食，有很大部份都是由潮汕地區供應。

由此可見，中國人很愛吃甜酸味道，而生炒排骨、咕嚕肉、糖醋魚等菜式更是名聞中外。潮州人比其他地方的人更喜愛甜酸味道，潮式醬料中，甜酸的味道就有：梅膏醬、金桔油、三滲醬，以及由泰國潮州華僑始創的泰國雞醬。

梅膏醬是潮菜常用的醬料之一，具濃郁的地方風味，材料主要是蔗糖、薑和梅子。梅膏醬的原料，是產於潮州和福建的桃梅，特點是肉厚核小，用水把桃梅煮熟之後，加鹽醃製，然後去核，加糖搗爛，加薑和蔗糖製成梅膏醬。梅膏醬的味道近似濃味的酸梅醬，但帶有薑的味道，氣味清香。梅膏醬可以用來煮菜，也可以作為蘸料醬碟，菜式例如堂灼螺片、椒鹽白飯魚、乾炸果肉、鳳尾蝦等。

梅膏骨是傳統的潮州菜之一，是很有特色的潮式甜酸排骨，主材料用的是一字排，即豬肋骨中央部份的排骨，肉多骨少，容易煮腍入味。梅糕骨可作為前菜暖吃，也可以作為熱葷吃，醬汁濃稠，甜甜酸酸是很好的下酒菜。我們做的梅膏骨，加入了日本味醂，是一種酒精度很低的甜酒，可使梅膏骨的顏色更有光澤。潮州還有一種特色醬料叫做橙膏醬，橙味香濃，不妨用同一方法試做一味橙膏骨。

◆ 材料

肋排 600 克
鹽（浸肋排用）1 湯匙
鹽（醃肋排用）1/2 茶匙
薑 6 片
紹酒 125 毫升
麻油 少許

◆ 醬汁

梅膏醬 4 湯匙
檸檬汁 2 湯匙
紅糖 2 茶匙
鎮江醋 1 茶匙
味醂 1 湯匙
頭抽 1 湯匙

浸泡及醃製時間：
1 小時 30 分鐘
烹調時間：
20 分鐘

◆ 做法

1. 肋排切成每條約 5 至 6 厘米長，用 1 湯匙鹽調溶 500 毫升水，放入肋排浸泡 30 分鐘，取出沖洗，瀝乾。

2. 再用 1/2 茶匙鹽醃 1 小時，用廚紙吸乾水份，備用。

3. 把梅膏醬、檸檬汁、味醂、醋、頭抽和紅糖混合成醬料，備用。

4. 燒熱 750 毫升油，把肋排炸至金黃，取出，用廚紙吸去表面的油。

5. 鑊中留 1 湯匙油，大火爆香薑片，放入肋排，灒紹酒，加入混合醬料，爆炒至醬汁濃稠。

6. 最後加入麻油炒勻即成。

◇◇◇　烹調心得　◇◇◇

- 梅膏醬在香港比較少見，一般只在潮汕食品店出售，超市則欠奉，歡迎讀者 Email 給我們詢問買梅膏醬的地方。排骨要買一字肋排，即每塊排骨中間都有一條骨穿過，最好能買俗稱的金沙骨，肉質比較嫩，而且肥瘦適中。

- 肋排用鹽水浸過，是要增加肉內的水份。

- 肋排用鹽醃過，是要先用鹽來提升肉的鮮味，而且醃過的肉會偏紅色。

PLUM PASTE SPARERIB

> Soaking and marinade time: 1 hour 30 minutes
> Cooking time: 20 minutes

◆ **Ingredients**

600 g spareribs

1 tbsp salt (for soaking)

1/2 tsp salt (marinade)

6 slices ginger

125 ml Shaoxing wine

a dash sesame oil

◆ **Sauce ingredients**

4 tbsp Chaozhou plum paste

2 tbsp lemon juice

2 tsp red sugar

1 tsp Zhenjiang vinegar

1 tbsp mirin

1 tbsp top soy sauce

◆ **Method**

1. Cut spareribs into 5 to 6 cm long pieces, rinse and soak in 500 ml salty solution with 1 tbsp of salt for 30 minutes. Rinse and drain.

2. Marinate spareribs with 1/2 tsp of salt for 1 hour. Pat dry with kitchen towels.

3. Mix plum paste, lemon juice, mirin, vinegar, soy sauce and red sugar into a sauce.

4. Deep fry spareribs in 750 ml of oil until golden brown, then take out and remove excess oil with kitchen towels.

5. Stir fry ginger slices in 1 tbsp of oil over high heat until pungent, add spareribs, wine and sauce, and stir fry rapidly until sauce thickens.

6. Finally mix in a dash of sesame oil.

春 菜 腩 肉 煲

PORK BELLY AND
CHUNCAI CASSEROLE

春菜（見附圖），是潮州地區一種獨有的蔬菜，形似芥菜，但不是芥菜，它是萵苣的一種，是生菜和油麥菜的親戚。春菜莖小葉長，盛產在春夏之交，含豐富纖維，味道帶點甘苦，但菜味香濃。春菜有清熱毒的食療功效，適合調理口乾舌燥、小便不暢等症狀。每年四、五月份，香港有些菜市場也售賣春菜，只是大多數香港人都不認識它的樣子，就算見到了也以為是水東芥菜，但潮州人就一定認識春菜，潮州菜館也必定有春菜的菜式。

潮州人愛吃春菜，除了季節養生的觀念之外，還帶着一點家鄉情懷，因為只有潮州菜才用上這種蔬菜。春菜是寡物，一定要配上帶肥的豬肉來炆，例如五花腩、鹹肉、排骨、火腩等材料；如果是清炒春菜，也最好是用豬油炒才好吃。潮州人炆春菜，一般不會即炆即吃，最好是煮好後隔餐或隔夜吃，讓春菜盡情吸收肉味，所以正宗的潮州菜館，會預早炆好一大鍋的春菜，隨叫隨上。

按照潮汕人的習俗，在農曆年大年初七，家家要吃七樣不同的蔬菜，又稱為「七樣羹」，每種蔬菜都有好意頭，其中的春菜是「春回大地」的意思。遇上春菜當造的季節，我們會去市場買些回家，煮一道「春菜腩肉煲」，懷念一下外婆家鄉美味的潮州菜。春菜甘中帶苦，外婆家習慣在這道菜中加入一些味道鹹香的大頭菜，作用是「吊味」，有時還會加入一些白蘿蔔來壯大聲勢，煮一大鍋可以吃兩天，第二天的春菜更為入味。

準備時間：20 分鐘／烹調時間：45 分鐘

◆ 材料

春菜 1000 克　　　　　蒜頭 8 瓣

五花腩 300 克　　　　　薑 3 片

鹽 1/2 茶匙　　　　　　清雞湯 250 毫升

大頭菜 1 片約 10 克　　魚露 1 茶匙

小冬菇 6 朵　　　　　　普寧豆醬 1 茶匙

芹菜 1 株

◆ 做法

1. 春菜洗淨，切 10 厘米長段，煮大沸水氽燙 3 分鐘，撈起，瀝水備用。

2. 五花腩洗淨，切成 1 厘米厚片，放入鹽醃 15 分鐘。

3. 大頭菜切絲，冬菇浸透去蒂，芹菜切段，備用。

4. 蒜頭去衣，用 3 湯匙油在煲內用中火炸至金黃色，放入薑片、五花腩、大頭菜和冬菇，轉大火一同爆炒。

5. 放入清雞湯，煮 15 分鐘，加入春菜和芹菜，再煮 15 分鐘至春菜軟腍。

6. 加入魚露和普寧豆醬調味，即可食用。

◇◇◇　**烹調心得**　◇◇◇

• 春菜煮熟後甚為「縮水」，因此要買多一些。

• 炆春菜不能加蓋，否則春菜顏色會變黃。

PORK BELLY AND CHUNCAI CASSEROLE

Preparation time: 20 minutes / Cooking time: 45 minutes

◆ Ingredients

1000 g chuncai

300 g pork belly

1/2 tsp salt

10 g kohlrabi

6 pc dried black mushroom

1 bunch Chinese celery

8 cloves garlic

3 slices ginger

250 ml clear chicken broth

1 tsp fish sauce

1 tsp Puning bean sauce

◆ Method

1. Rinse and cut chuncai into 10 cm lengths, blanch for 3 minutes and drain.

2. Clean pork belly and cut into 1 cm thick slices. Marinate with salt for 15 minutes.

3. Cut kohlrabi into thin strips. Soften mushrooms in water and remove stems. Cut celery into sections.

4. Peel and deep fry garlic in 3 tbsp of oil over medium heat in a casserole until golden, add ginger, pork, kohlrabi and mushrooms, and stir fry rapidly over high heat.

5. Put in chicken broth and cook for 15 minutes. Add chuncai and celery and cook for another 15 minutes or until chuncai turns soft.

6. Flavor with fish sauce and Puning bean sauce.

川椒雞

CHICKEN WITH SICHUAN PEPPERS

潮州廚師說，沒有伴以炸脆的珍珠葉，就不是正宗的潮州川椒雞。川椒雞是一味說不清的菜式，川椒雞用的主要調味料是川椒，即四川花椒，按字面解釋應該是四川菜，但川椒雞在香港只有在潮州酒家才吃到，有不少香港人認為這是一道傳統的潮州菜。相反，四川菜食肆卻沒有川椒雞球這道菜。

川椒，又稱蜀椒，即四川生產的花椒，四川菜中最有代表性的味道是麻味，麻味是來自川椒。四川菜中的麻辣、椒麻、五香、怪味等各味，都有不同程度的辛麻香味。川椒在四川的主要產區，一為茂縣、金川、平武等地區，所產花椒稱為「西路椒」，特點是粒大、顏色紫紅、肉厚味濃。另一產區是綿陽、涼山地區，稱為「南路椒」，特點是顏色紅黑、色澤油潤、麻味長而濃烈，其中以漢源清溪所產的花椒品質最好，也最為著名。另外，涼山地區還有一種青花椒，又叫做「土花椒」，顏色青中帶紅，麻味極濃，略帶有苦味是它的特色。四川還有一種花椒是帶綠色的，是未成熟的花椒粒，果實還沒有完全爆開，味道清香而帶麻，風味別具一格。花椒是烹調四川菜不可缺少的香料，而四川出產的花椒，更是品質無可替代，聞名全國，各位去四川旅行，記得買正宗的川椒啊！

準備時間：20 分鐘　／　烹調時間：5 分鐘

◆ 材料

帶皮雞腿肉 400 克	蒜頭 2 瓣
老抽 1 湯匙	乾辣椒 2 隻
魚露 1/2 茶匙	川椒粒 1 茶匙
糖 1/2 茶匙	珍珠葉 / 羅勒 / 菠菜葉 100 克
生粉 1/2 湯匙	麻油 1/2 茶匙

◆ 做法

1. 帶皮雞腿肉切成約 2 厘米大小的雞塊，用老抽、魚露和糖拌勻，醃 15 分鐘，再拌入生粉。下鍋前再拌入 1 湯匙油。

2. 蒜頭去衣拍裂，乾辣椒切兩段，辣椒籽不要。

3. 川椒粒用小火白鑊烘香，取出輾碎就成川椒粉，備用。

4. 珍珠葉摘去根莖，只留葉子。燒熱炸油至中溫（約 140°C），放入珍珠葉用小火炸脆，取出放廚紙上瀝油，備用。

5. 炸油轉大火，放入雞塊，用筷子撥散，把雞塊炸至八成熟時取出，用廚紙吸油至乾身。

6. 倒出炸油，只留 1 湯匙在鑊裏，用小火把蒜頭和乾辣椒爆香，取出丟掉。

7. 轉大火，放入炸過的雞塊爆炒至熟。

8. 撒上川椒粉，加麻油，兜亂。

9. 盛出雞塊放碟子中間，周邊圍以炸脆的葉子，即成。

◇◇◇ **烹調心得** ◇◇◇

- 珍珠葉不易買到，可用羅勒葉或菠菜葉代替。

- 雞肉拉油以僅熟為度，宜猛火多油，不可過熟，以保持其嫩滑。

- 可購買現成花椒粉，代替川椒粒自製川椒粉。

CHICKEN WITH SICHUAN PEPPERS

Preparation time: 20 minutes / Cooking time: 5 minutes

◆ Ingredients:

400 g boneless chicken thigh

1 tbsp dark soy sauce

1/2 tsp fish sauce

1/2 tsp sugar

1/2 tbsp corn starch

2 cloves garlic

2 pc dried chili pepper

1 tsp Sichuan peppers

100 g pearl leaves/basil/spinach

1/2 tsp sesame oil

◆ Method:

1. Cut chicken thigh into 2 cm cubes and marinate for 15 minutes with soy sauce, fish sauce and sugar. Mix in corn starch, and add 1 tbsp of oil just prior to cooking.

2. Peel and squash garlic, deseed and cut in half the dried chili peppers.

3. Roast Sichuan peppers in a dry pan over low heat until aromatic. Crush into powder.

4. Pick only the tender leaves and discard the stems. Heat frying oil in a wok to a medium temperature (about 140°C)，deep fry leaves over low heat until crispy. Remove from oil and place on top of kitchen towels to absorb excess oil.

5. Change to high heat, put in chicken pieces, disperse with chopsticks, and deep fry until chicken pieces are about 80% done. Remove chicken and absorb excess oil with kitchen towels.

6. Pour out oil, leaving only about 1 tbsp in the wok. Stir fry dried chili peppers and garlic over low heat until pungent. Discard chili peppers and garlic.

7. Change to high heat, return chicken pieces to the wok and stir fry until fully cooked.

8. Put in ground Sichuan peppers and sesame oil, and toss thoroughly.

9. Transfer chicken to the center of a large plate, and surround with crispy leaves.

◇◇◇ Tips ◇◇◇

- Basil or spinach can be used in place of pearl leaves.
- Chicken must be deep fried rapidly over high heat to keep from over cooking.
- Ground Sichuan peppers can be used in place of whole Sichuan peppers to avoid roasting and grinding.

八仙桌上的禮儀

秦始皇平定百越，遂令士兵與當地女子成婚，中原漢族文化開始傳入南方。尤其是宋朝時期，更多北方人南遷，福建人口急劇增長，由於地少人多，逼使福建人特別是莆田的商家富戶再往南遷，在潮州地區定居下來，為當地帶來了中原及福建的方言和文化。

宋朝有規定，地方官不能任用當地人，以防地方結黨動亂，於是被任命的潮汕的官員，大多數是福建人。這些官員和望族在潮汕地區大興教化，推廣中原的禮教及文化修養，使原來被視為南蠻的地方土著加速漢化，這是地方文明進化的轉折點，對當地的影響深遠。

受中原文化的影響，潮州人很注重禮儀，特別是餐桌上的禮儀。記得小時候，家裏的餐桌是一張酸枝木做的八仙桌，吃飯時的坐位規定得很嚴格，絕對不像現在，主人客人都是一句「隨便坐啦！」就可以隨意就坐。我家八仙桌主位是外婆坐的，主位背向飯廳的主牆，面向入口（或門口），主位的枱面木紋是橫紋方向的，不能擺錯。外婆主位的左邊是我父親，右邊是我母親，我們這等小鬼就坐在外婆對面。如果有客人的話，就會安排坐在外婆的左邊，父親會在右邊與母親並排同坐。外婆要求小孩子「食不言，寢不語」，拿筷子和碗的姿勢要正確，吃飯不能發出聲音，挾菜只能夾自己前面的餸菜，不能「飛象過河」；長輩及客人未動筷子，小孩和後輩只能坐着等候；自己吃完飯不能擅自走開，要得到批准才可離開。最難忘的是動筷子前要「叫人」，「外婆吃飯、爸爸吃飯、媽媽吃飯……」，長幼次序還不能錯，我的大姐姐練就一口吃飯「叫人」的好本領，速度之快，無人能及。記得我當日初嫁到陳家，家中的吃飯禮儀基本相同，幸好我自小已養成習慣，才沒有在翁姑面前出洋相。及後，在商場的應酬中，無論他人怎樣隨便，我仍習慣守老規矩，只可惜欣賞此道之人已不多了。

涼瓜黃豆燗排骨

BRAISED SPARERIBS WITH BITTER GOURD

準備時間：30 分鐘 ／ 烹調時間：90 分鐘

◆ 材料

苦瓜 500 克

豬腩排 300 克

黃豆 60 克

潮州鹹菜 100 克

蒜頭 4 瓣

魚露 1 茶匙

材料選購：涼瓜即苦瓜，宜選購較翠綠色的品種。排骨要買帶肥的腩排。

◆ 做法

1. 黃豆用清水浸半日，瀝乾水份，備用。

2. 豬腩排斬件，煮大滾水汆過後用清水沖淨。

3. 蒜頭去衣，原粒備用。

4. 鹹菜沖洗乾淨後，切成條狀，再浸清水半小時，瀝乾備用。

5. 苦瓜去蒂去瓤，切成日字型大件，洗乾淨。

6. 大火燒熱 2 湯匙油，先炸香蒜頭，加入排骨、苦瓜及鹹菜同炒，再放入魚露和黃豆，加清水 2 杯，加蓋慢火燜約 1 小時即可。

◇◇◇ 烹調心得 ◇◇◇

• 潮州鹹菜不同於廣東的鹹酸菜，購買時要注意。如果用廣東的鹹酸菜來做這個菜，味道會偏酸而不是鹹香。

• 黃豆必須預先用清水浸透，否則會太硬。

涼瓜黃豆燜排骨

BRAISED SPARERIBS WITH BITTER GOURD

Preparation time: 30 minutes / Cooking time: 90 minutes

◆ Ingredients

500 g bitter gourd

300 g pork spareribs

60 g soy beans

100 g Chaozhou salted vegetables

4 cloves garlic

1 tsp fish sauce

◆ Method

1. Soak soy beans in water for half a day. Drain.

2. Cut spareribs into small chunks and blanch.

3. Peel garlic cloves.

4. Wash and cut salted vegetables into stripes, and then immerse in cold water for 30 minutes.

5. Cut off the stem and deseed bitter gourds, then cut into rectangular shape pieces.

6. Heat 2 tbsp of oil over high heat, brown garlic cloves, stir in spareribs, bitter gourd and salted vegetables, put in fish sauce, soy beans and 2 cups of water, then cover with lid and simmer for about 1 hour over low heat.

潮州菜中的沙茶醬，相傳源於印尼的沙爹（Sate），沙爹的意思是串燒，蘸串燒的醬料就叫做沙爹醬，潮語中的「茶」字音「爹」，所以沙茶醬就是沙爹醬。不過，沙爹醬由南洋再傳到潮州之後，潮州人不習慣吃南洋沙爹，但喜歡串燒沙爹的蘸醬，於是把配方經過多年改良，減低了甜味，也改動了一些材料，使更能配合中國人的口味，便成為潮式的沙爹醬，正名為「沙茶醬」。沙茶醬在潮菜中，會用於炒牛肉、牛肉火鍋、牛丸湯河粉等。

為甚麼跟「茶」字扯上關係，另一個説法是，因沙茶醬用很多搗碎了的材料，顏色又很深，所以用「沙」字（形狀）和「茶」字（顏色）來命名這個醬料。沙茶醬的主要材料是花生，配上蝦米、芝麻、椰肉、花椒、辣椒、薑、桂皮、胡椒、小茴、香草、丁香、乾葱頭、蒜頭等，加上糖鹽和油熬煮而成，沙茶醬帶甜味，香味誘人。

用沙茶醬炒牛肉河粉很受歡迎，有些香港餐館卻稱它為「沙爹牛河」而不是「沙茶牛河」，因為用的醬料是南洋式的「沙爹醬」，味道也比沙茶醬甜，容易討好年輕人的口味。但傳統潮菜館仍沿用潮州沙茶醬，稱為「沙茶牛河」。

中式酒樓醃牛肉的方法，會用少量食粉（食用梳打粉）加清水來拌勻牛肉，再調入生抽老抽味精薑汁生粉等調味，最後加生油拌勻封住，放冰箱中醃製 2 至 3 小時備用，這個方法能令牛肉鬆化軟嫩，但如果控制得不好，牛肉味就會大減，所以酒樓一般都會加入味精雞粉類增味劑來加味。我們在家吃飯，不提倡用梳打粉，其實用果汁也可以鬆化肉類，菠蘿、梨、木瓜、奇異果等生果都可以，其中梨汁和奇異果汁最適用，鬆化程度不會過分而難以控制，更不會使牛肉有特別的味道。

沙茶牛肉

BEEF WITH SHA CHA SAUCE

準備時間：15 分鐘 ／ 烹調時間：10 分鐘

◆ **材料**

牛肉 300 克	薑絲 1 湯匙
奇異果汁 2 湯匙	生抽 1 茶匙
蒜頭 3 瓣	糖 1/2 茶匙
生粉 1 茶匙	麻油 1 茶匙
潮州沙茶醬 2 湯匙	葱（切段）2 條
銀芽 150 克	生粉 1/2 茶匙，勾芡用

◆ **做法**

1. 牛肉橫紋切片，把奇異果汁加入，醃 10 分鐘後，用水沖淨瀝乾。

2. 蒜頭去衣剁茸，加入牛肉中，再加入生粉拌勻，然後加 1 湯匙沙茶醬拌勻。

3. 用筷子把銀芽分幾次用乾鑊大火焙至半熟，放在碟中。鑊裏的銀芽水不要。

4. 鑊中放 250 毫升油，用中火燒至五成熱（約 150°C），放入牛肉，用筷子打散，泡嫩油至五成熟撈出瀝油。

5. 中火燒熱 1 湯匙油，爆香薑絲、生抽、糖及沙茶醬，加入 3 湯匙水，煮沸後放入牛肉炒勻，埋薄芡。

6. 最後放入麻油及葱段兜勻，把牛肉及芡汁鏟起淋在銀芽上即成。

◇◇◇ **烹調心得** ◇◇◇

• 先用乾鑊將銀芽焙熟，可避免上碟後銀芽繼續出水，分兩或三次焙炒銀芽，可更好地把水份逼出。銀芽要炒透後才可加鹽和油，這樣銀芽才會爽口。

• 要牛肉嫩滑，就要斷紋切。用果汁醃過，牛肉就不會韌

• 用果汁醃牛肉的時間千萬不要過長，否則會完全破壞牛肉的纖維組織，炒的時候牛肉會散開。

◆ Ingredients

300 g beef	1 tbsp ginger, shredded
2 tbsp kiwi juice	1 tsp light soy sauce
3 cloves garlic	1/2 tsp sugar
1 tsp corn starch	1 tsp sesame oil
2 tbsp sha cha sauce	2 stalks spring onion, sectioned
150 g bean sprout	1/2 tsp corn starch, for thickening

◆ Method

1. Slice beef cross grained, marinate with kiwi juice for 10 minutes, and rinse with cold water.

2. Peel and chop garlic, mix thoroughly with beef together with corn starch, and then mix in 1 tbsp of sha cha sauce.

3. Use chopsticks to stir fry bean sprouts in separate batches in an un-greased pan over high heat and transfer to a plate when bean sprouts are half done. Do not include any water from the pan.

4. Heat 250 ml of oil to medium temperature (about 150°C) in the wok over medium heat, add beef and disperse with chopsticks immediately. Take out beef when half done.

5. Heat 1 tbsp of oil over medium heat, stir fry ginger, soy sauce, sugar and sha cha sauce, then add 3 tbsp of water, bring to a boil, and stir in beef. Thicken sauce slightly with corn starch.

6. Finally add sesame oil and spring onion, toss, and put on top of bean sprouts.

清燉白鱔

DOUBLE STEAMED EEL

清朝大文學家、美食家袁枚在著作《隨園食單》中曰：味者寧淡毋鹹；這是一種吃的藝術和養生的原理。潮汕地區自古海陸物產豐富，氣候溫和，所以菜式方面並不需要大鹹大辣來增加飯量，以吸收能量來抵抗寒冷，這是潮汕人得天獨厚的福氣，也就有條件吃得「鮮」和「清」。

潮州菜的「清燉」是一種常見的做法，原料和湯水同時放在燉盅中密封，利用蒸氣加熱，原盅上席，因燉的時間較長，所以入口熟腍軟滑，湯水原汁原味，格外鮮甜。燉湯是潮州筵席的主要菜式，清燉湯要做到清，

材料一定要經過汆水漂洗。潮州菜的清燉名菜很多，例如「清燉雞湯」、「洋參燉乳鴿」等，而其中最具潮菜風味，亦是最受歡迎的菜式，就是「清燉白鱔」。

白鱔，即河鰻，潮州人稱為「烏耳鰻」，而「清燉白鱔」的傳統菜名稱是「清燉烏耳鰻」。在冬天和春天，潮汕地區的韓江、榕江等出生的幼鰻苗，在江河的淡水中生長三至五年，再游向大洋產卵繁殖。潮汕人捕到幼鰻苗後，放入塘中作人工養殖，數以百計的養鰻場成為潮汕地區的重要養殖業，活鰻魚和日式烤鰻除了在國內銷售外，還大量出口到外國。

◇◇◇ 烹調心得 ◇◇◇

- 市場上賣的白鱔一般都超過 1000 克，半條就差不多有 600 克，選購時最好買前段，因為大小比較均勻，燉的效果較好。請客吃飯，也可以做整條白鱔，切成盤龍狀，其他材料用雙倍份量就可以了。
- 清洗白鱔身上的潺可以用約攝氏 70 度的熱水略為泡浸，去掉大部份的潺，剩餘的用生粉或鹽清除。魚市場賣白鱔的店舖一般都可以代為去潺，但往往用的水太熱，很容易把白鱔的皮燙壞。
- 燉白鱔不要太早放鹽，因為會使魚肉收縮，達不到「入口即溶」的效果。
- 潮州鹹菜比較鹹，放鹽調味時要先試味。

準備時間：20分鐘／烹調時間：90分鐘

◆ 材料

白鱔 600 克	葱 2 條
排骨 200 克	薑 4 片
潮州鹹菜 50 克	鹽 1 茶匙
白胡椒粒 30 粒	生粉（洗白鱔用）1 湯匙

◆ 做法

1. 用 1 公升大沸水和 500 毫升冷水混合，把白鱔泡在水中 30 秒後取出，再用 1 湯匙生粉搓勻，用手把白鱔身上的潺抹掉，洗淨。

2. 把白鱔切成幾段約 5 厘米長的鱔段。

3. 潮州鹹菜用冷水泡浸 15 分鐘後切片，備用。

4. 葱切段，胡椒粒輾碎後放入香料袋中。

5. 在一鍋冷水裏，把排骨和鹹菜一起放入，煮沸，汆水 1 分鐘，撈出，用清水漂洗，瀝乾備用。

6. 把薑片和葱段鋪在瓦鍋底，上面放白鱔和排骨，放上潮州鹹菜和香料袋。

7. 加清雞湯或冷水至完全覆蓋所有材料，蓋上鍋蓋（或用錫紙密封），用大火燉 1 小時 30 分鐘。

8. 掀起鍋蓋，拿走薑葱、香料袋和排骨不要，加鹽調味，連湯上桌。

DOUBLE STEAMED EEL

Preparation time: 20 minutes / Cooking time: 90 minutes

◆ **Ingredients**

600 g eel

200 g sparerib

50 g Chaozhou salted mustard

30 grains white peppercorn

2 stalks spring onion

4 slices ginger

1 tsp salt

1 tbsp corn starch

◆ **Method**

1. Mix 1 liter of boiling water with 500 ml of cold water and immerse eel for about 30 seconds. Take out and rub skin gently with 1 tbsp of corn starch to remove mucus, and then rinse with water.

2. Cut eel into 5 cm sections.

3. Soak salted mustard in cold water for 15 minutes and then cut into slices.

4. Cut spring onions into sections. Put crushed white peppercorns into a spice pouch.

5. Spareribs and salted mustard in cold water, bring to a boil, and blanch for 1 minute. Take out and rinse with fresh water.

6. Line the bottom of a casserole with ginger and spring onion, and place eel and spareribs on top surrounded by salted mustard and the spice pouch.

7. Add cold water or unsalted chicken broth to cover the ingredients, seal with lid (or aluminum foil), and double steam over high heat for one and half hours.

8. Lift the lid, discard the spareribs, ginger, spring onion and spice pouch, season with salt and serve the eel together with soup.

蝦米紹菜煮魚鰾

BRAISED FISH MAW WITH
CHINESE CABBAGE AND DRIED SHRIMPS

先父特級校對陳夢因，從四、五十年代起就開始收藏白花膠和鱉肚，也做過不少魚肚的菜；直至現在，我們還留下不少陳年的白花膠和鱉肚，已乾得發黃，應該很值錢，實在捨不得吃。

經濟發達，人人愛吃「鮑參翅肚」。其實所謂「肚」，並非魚的肚，而是魚鰾，也叫魚泡，是魚類用來控制身體浮沉的器官。除了比目魚和鯊魚之外，大部份的魚類都有魚鰾，特別是以黃花魚、白花魚、鱉魚、金錢鮸、海鰻等，以大魚的魚鰾為最值錢。

潮汕地區的海域，歷來盛產海鰻、黃花魚和域魚，潮州人叫藥用的魚肚做「魚膠」，作為烹調用的魚肚叫做「魚鰾」。在潮州和汕頭，有很多專賣魚鰾的海味店，門口掛滿魚鰾，但大多數都是些平價鰻魚鰾或一些雜鰾為多。潮州菜館很少用上鱉魚肚，除非是貴價的燉湯補品。

發製魚肚有鹽發、沙發和油發兩種方法，所謂的沙爆魚肚即是鹽發或沙發，即用炒熱的鹽或沙來焗發魚肚，表面色澤較暗啞；而油發即油炸，表面比較油亮，但經用水煮及水焗處理後，三種魚肚的口感都差不多。潮州家常菜用的魚肚，多數是平價的鰻魚鰾（鱔肚），價格很平宜，烹調方便，不失為做家常菜的好材料。潮菜中常見的魚鰾菜式有「釀金錢鰾」、「清炆魚鰾」。

「蝦米紹菜煮魚膘」是一道美味而清淡的潮州家常菜，潮汕人在農曆年初七，家家會吃七樣蔬菜，每種蔬菜都有不同的意思，而紹菜又稱為旺菜，意喻「旺財」。潮汕人喜歡在煮食物時加入上湯，煮至入味最後勾薄芡，上菜時食材與湯汁同上，菜式口感濕潤而軟糯適中，這種菜式的主旨不是為了喝湯而是吃料，是典形的潮式湯菜特色。

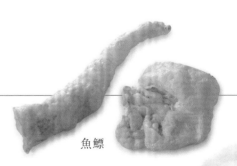

魚鰾

準備時間：20分鐘／烹調時間：20分鐘／浸焗時間35分鐘

◆ 材料

沙爆魚肚 30 克	蒜頭 3 瓣
蝦米 10 克	白醋 1 湯匙
紹菜 150 克	魚露 1 茶匙
草菇 10 粒	清雞湯 125 毫升
紅蘿蔔 20 克	生粉 1/2 茶匙
唐芹 1 棵	

◆ 做法

1. 煮沸 1 公升水，加入 1 湯匙白醋，放入魚肚再煮沸，煮約 10 分鐘至魚肚變軟，加蓋熄火，浸焗 15 分鐘後取出，沖冷水，擠乾水份，重複沖冷水擠乾水份兩次，再剪成約 5 厘米方塊。

2. 蝦米用清水泡軟，備用。

3. 紹菜切成 5 厘米段，用水灼至軟身。

4. 草菇洗淨，切成兩半。紅蘿蔔切薄片。唐芹去掉根和葉，切成約 3 厘米段。

5. 蒜頭去衣，用 1 湯匙油慢火煎香，加入魚肚、蝦米、草菇、紅蘿蔔、紹菜、魚露和清雞湯，煮沸後繼續用慢火煮約 15 分鐘，放進唐芹，再用生粉勾薄芡，即成。

BRAISED FISH MAW WITH CHINESE CABBAGE AND DRIED SHRIMPS

Preparation time: 20 minutes
Cooking time: 20 minutes / Soaking time: 35 minutes

◆ Ingredients

30 g dried fish maw	3 cloves garlic
10 g dried shrimps	1 tbsp white vinegar
150 g Chinese cabbage	1 tsp fish sauce
10 pc straw mushroom	125 ml clear chicken broth
20 g carrot	1/2 tsp corn starch
1 bunch Chinese celery	

◆ Method

1. Boil 1 liter of water, add 1 tbsp of vinegar, put in fish maw and re-boil for 10 minutes until fish maw is soft. Cover, turn off heat, soak for 15 minutes, rinse with cold water and squeeze dry. Repeat rinsing and squeezing twice. Cut into about 5 cm squares.

2. Soften dried shrimps in cold water.

3. Cut Chinese cabbage into 5 cm sections and blanch until soft.

4. Cut mushrooms in halves. Cut carrot into thin slices. Remove roots and leaves of Chinese celery and cut stems to 3 cm sections.

5. Peel and brown garlic cloves in 1 tbsp of oil over low heat, add fish maw, dried shrimps, mushrooms, carrot, Chinese cabbage, fish sauce and chicken broth. Bring to a boil and braise over low heat for about 15 minutes, then add Chinese celery and thicken sauce with corn starch.

椒鹽狗肚魚

DEEP FRIED BOMBAY DUCK
WITH SPICED SALT

小時候住的老房子經常有老鼠出沒，母親不知從誰人家中領來一隻花貓，花貓長相很普通，一點也不可愛，但牠卻是家中老鼠的剋星，晚上熄燈後，只聽得花貓奔跑追逐之聲不停，沒多久家中的老鼠就絕了跡，花貓也就從此留下來，安居樂業，晚上也不用奔跑了。每天晚飯之後，家傭嬋姐就會做一件工作，就是焙貓魚，登時滿屋生香。給貓吃的魚，是一些最平價的魚，當時三幾毛錢就有一小盤，嬋姐用白鑊把魚焙得焦香，混些米飯給貓吃。嬋姐經常買一種軟巴巴的魚來焙貓魚，這種魚呈乳白色半透明，但形狀兇惡，老是張開長着鋒利牙齒的大口，令小孩子望而生畏，嬋姐說它叫做鼻涕魚。我長大後才知道，它真正的名字叫做狗肚魚（見圖）。

潮汕人叫狗肚魚做佃魚，也叫做龍頭魚。狗肚魚的魚肉非常細嫩易碎，魚骨細軟，所以也有名字叫做豆腐魚或屑魚。福建、廣東、香港及台灣等地區的海域都出產狗肚魚。潮菜中的椒鹽狗肚魚、狗肚魚烙、肉碎狗肚魚湯、狗肚魚粥和鹹菜煮狗肚魚，都是著名的菜式。狗肚魚本來是海魚中之最下品，近十多年才飛上枝頭變鳳凰，還是要多謝潮州菜把它發揚光大。香港的食肆覺得「狗」字不雅，就寫成了九肚魚，影響到內地也流行把狗肚魚稱為九肚魚了。

狗肚魚的魚頭無肉可吃，口大而牙齒鋒利，剖魚時先要把魚頭切去不要。魚肚很薄，如果切開再炸，會向外翻起，所以剖魚時要把內臟連頭一起拉出，不損魚肚。洗魚的時候可用手輕輕壓魚肚，把內裏的血污擠出，再用水沖洗。

狗肚魚

◆材料

狗肚魚 600 克

◆椒鹽材料

鹽 1 茶匙

五香粉 1/2 茶匙

沙薑粉 1 茶匙

紅辣椒粉 1/2 茶匙

◆炸粉材料

麵粉 3 湯匙

生粉 1 湯匙

泡打粉 1/4 茶匙

鹽 1/2 茶匙

油 1/2 湯匙

水 60 毫升

準備時間：10 分鐘

烹調時間：20 分鐘

◆做法

1. 把狗肚魚背向自己，切去頭和肚，洗淨瀝乾，切成約 3 厘米長塊，用廚紙抹乾水份。

2. 小火燒熱白鑊（不加油），加入 1 茶匙鹽炒熱後熄火，約 1 分鐘後加入五香粉、沙薑粉、紅辣椒粉拌勻成椒鹽，立即取出備用。

3. 把麵粉、生粉、泡打粉、鹽和水 60 毫升水混合，再加油 1/2 湯匙拌勻，做成炸漿。

4. 大火燒熱 750 毫升炸油至中高溫（約 170°C），把魚塊沾上炸漿，放入油鑊中炸，轉中小火，炸至脆身取出。

5. 把炸好的狗肚魚均勻地灑上椒鹽即成。

◇◇◇ 烹調心得 ◇◇◇

• 狗肚魚要蘸了炸漿後立刻放進油鑊，否則炸漿會翻水。

• 市面上的食肆，做椒鹽的方法多數是把味精和香料用乾性攪拌機打碎，雖然很惹味香口，但多放味精吃了會感到口渴，部份人會口唇敏感，老年人更可能引至失眠。

DEEP FRIED BOMBAY DUCK WITH SPICED SALT

Preparation time: 10 minutes / Cooking time: 20 minutes

◆ Ingredients

600 g Bombay duck

◆ Ingredients for spiced salt

1 tsp salt

1/2 tsp five spice powder

1 tsp shajiang powder

1/2 tsp chili powder

◆ Ingredients for batter

3 tbsp flour

1 tbsp corn starch

1/4 tsp baking powder

1/2 tsp salt

1/2 tbsp oil

60 ml water

◆ Method

1. Turn fish with back towards self, cut off head and belly. Rinse and clean fish, cut into 3 cm pieces and dry excess water with kitchen towels.

2. Heat 1 tsp of salt over low heat in a pre-heated un-greased wok, turn off heat and allow to cool for about one minute. Stir in five spice powder, shajiang powder and chili powder, mix well to form spiced salt. Save for later use.

3. Mix flour, corn starch, baking soda, salt and 60 ml of water, then add 1/2 tbsp of oil and mix well.

4. Heat 750 ml of oil to a medium high temperature (about 170°C)in a wok over high heat, coat fish with batter, put fish in oil, then reduce to medium low heat and deep fry fish until crispy. Dish out to plate.

5. Sprinkle spiced salt evenly over fried fish before serving.

古法炊白鯧

STEAMED POMFRET,
CHAOZHOU STYLE

先家翁特級校對在《食經》一書中，有一章談到炒鯧魚球：古老的香港人，説到吃海鮮，總有這樣一句話：第一鯧，第二䱽，第三馬鮫郎，……鯧魚是香港海鮮中的上等魚類，當無異議。白鯧和鷹鯧，從來都是市場的上價魚類，雖然是冰鮮魚，價格往往是游水海魚價，有時更有過之而無不及。

「炊」相等於粵菜的「蒸」，炊白鯧就是蒸白鯧的意思，但潮州人一般都不用「蒸」字。潮州菜擅長烹調海鮮，潮州人更喜歡吃海鮮，有俗語説：「食魚欲食馬鮫鯧，看戲欲看蘇六娘」，把吃馬鮫魚和鯧魚，比作看場傳統好戲，可見潮州人深愛吃魚的程度。

外婆的姨甥女，也就是我的鳳玲表姨，五十年代由潮州來香港，與我們姐妹幾人一起長大，像是我們的大姐姐。鳳玲表姨自小住在潮州，入廚煮得一手正宗潮州菜，深得外婆家廚的真傳。表姨的潮式蒸魚方法很講究，與一般粵菜的蒸魚方法不同，她預先用酒和鹽醃魚，抹一層薄薄的生粉，放上薑葱，蒸好之後要丟掉薑葱，另起鑊用油爆新鮮薑葱鋪在魚上，表姨説這樣做魚就不會腥。粵菜中的所謂古法蒸魚，就是把肉絲冬菇絲放在魚上同蒸，而潮式的古法蒸魚，是蒸完魚之後，另燒鑊炒肉絲冬菇絲芹菜等配料，再加上蒸魚汁和鹽，還要加麻油和埋一個茨，等於多炒一個菜，這才淋在魚上。這個古法有多「古」，我們無法求證，但由外婆家傳到今天的我家，就已經超過百年了，還不夠古嗎？

白鯧

◆ 材料

白鯧 1 條約 450 克	唐芹 1 棵
米酒 1 湯匙	紅尖椒 1 隻
鹽 1.5 茶匙	薑片 4 片
生粉 1 茶匙	葱白 2 條
肥豬肉 10 克	葱 2 條（切絲）
瘦肉 10 克	薑絲 15 克
冬菇 3 朵	麻油 1/4 茶匙
潮州鹹菜 10 克	

醃製時間：15 分鐘
準備時間：20 分鐘
烹調時間：45 分鐘

◆ 做法

1. 鯧魚宰好洗淨，用刀在魚身每一面斜刀剞兩三刀，瀝乾水份。

2. 把米酒混合 1 茶匙鹽，抹勻魚身內外，醃 15 分鐘，用廚紙吸乾水份後，再抹上一層生粉。

3. 肥肉和瘦肉切絲，用少許生粉和生油拌勻。

4. 冬菇浸軟切絲，鹹菜洗淨切絲，唐芹切 3 厘米段，紅尖椒去蒂、去核，斜切絲。

5. 把薑片放在鯧魚上，把葱白墊底，放入蒸鍋，大火蒸 8-10 分鐘至熟取出，倒出蒸魚水留用，把葱絲放在魚上，薑片和墊底的葱白不要。

6. 大火燒熱 2 湯匙油，放下薑絲、肥瘦肉絲、鹹菜絲及冬菇絲一起爆炒，放入唐芹及 1/2 茶匙鹽，加入蒸魚汁煮至肉絲熟透，加入紅尖椒絲及麻油兜勻，埋薄芡後淋在魚上即成。

◇◇◇ 烹調心得 ◇◇◇

- 可以選用白鯧、鷹鯧或燕鯧，肉質差不多，只是外形和大小有少許分別。

- 鯧魚肉厚，用刀在魚身斜刀剞兩三刀，較易熟和入味。

- 葱白墊底，是使蒸氣能較均勻地接觸魚身。

STEAMED POMFRET, CHAOZHOU STYLE

Marinating time: 15 minutes / Preparation time: 20 minutes /
Cooking time: 45 minutes

◆ Ingredients

1 pc pomfret, about 450 g

1 tbsp rice wine

1.5 tsp salt

1 tsp corn starch

10 g fatty pork

10 g lean pork

3 pc dried black mushroom

10 g Chaozhou salted vegetable

1 bunch Chinese celery

1 pc red chili pepper

4 slices ginger

2 stalks spring onion stem

2 stalks spring onion, shredded

15 g ginger, shredded

1/4 tsp sesame oil

◆ Method

1. Rinse and clean fish, make two to three slant cuts on each side, and drain excess water.

2. Mix wine with 1 tsp of salt and marinate fish inside and out for 15 minutes. Pat dry with kitchen towels and brush fish with a thin coat of corn starch.

3. Cut lean and fatty pork into thin strips and mix well with a pinch of corn starch and a dash of oil.

4. Soften mushrooms in water, rinse pickled vegetables, and cut both into thin strips. Cut Chinese celery into 3 cm sections. Remove stem, deseed and slant cut red chili pepper.

5. Place fish on a plate that is lined with spring onion stems, and put ginger slices on top. Steam over high heat for 8 to 10 minutes until fully cooked. Discard ginger slices and spring onion stems, and save the fish water from the plate for later use. Put shredded spring onion on the fish.

6. Stir fry shredded ginger, lean and fatty pork, salted vegetables and mushrooms in 2 tbsp of oil over high heat, add Chinese celery and 1/2 tsp of salt, put fish water back in and cook until the pork is thoroughly cooked. Add chili pepper and sesame oil, toss and thicken sauce with corn starch. Drizzle sauce over the fish before serving.

魚類　古法炊白鯧

鹹菜煮門鱔

CONGER PIKE EEL WITH
SALTED VEGETABLES

五十年代初，家住何文田一幢兩層高的老房子，屋後有一個天井，廚房是經由天井進入。甚麼是天井？現在香港寸金尺土，年輕一輩已不知道天井為何物。天井就是在房子的後面或中間，有一塊空地，但又算不上是花園，天井的作用是主要作為曬晾衣物，及作為廚房的伸延空間，更重要的是讓房子有向內開的窗，以增加室內空氣對流。面積較大的叫天井，面積較小的就叫做通天。

老房子的天井，是我們童年的樂園，天井養有大雞小雞，更種有幾盆莫明其妙永不長大的植物，曬晾衣服的位置，更是小孩子捉迷藏的好地方。但是天井也是陷阱重重，一時玩耍忘形，就會踩到雞屎地雷，總是在這一刻，身後外婆的拖鞋聲就會出現，一頓潮州話的追打責罵是少不了的。我年紀最小，當年還沒有資格踩雞屎，倒霉的是兩個小姐姐。

記憶中，我們家的天井，屋邊有一些鈎，用來吊些風乾的食物，例如曬菜乾和臘鴨臘肉之類乾貨，其中還吊有一兩條長長的魚乾，那是外婆家的親戚從潮州帶來的手信，叫做風鱔。風鱔是用門鱔醃製後風乾而成，潮汕沿海盛產門鱔，他們叫門鱔做麻魚。外婆就最愛在米飯上面蒸熟一小段風鱔，用手撕碎鱔肉來下燒酒。潮菜中有一道傳統鄉土名菜，叫做麻魚鹹菜，就是鹹菜煮門鱔，除了門鱔肉之外，當地人還會加入門鱔的魚春（魚子），魚春吸收了鹹菜汁，滋味無窮。

門鱔

◆材料

門鱔 500 克

潮州鹹菜（連汁）200 克

冬菇 3 朵

薑 20 克

紅辣椒 1 隻

唐芹 1 棵

魚露 1 茶匙

糖 1/2 茶匙

清雞湯 250 毫升

胡椒粉 1/2 茶匙

材料選購：在市場買門鱔，是由魚店切開來賣，以重量計算，所以可只買一段。

準備時間：40 分鐘
烹調時間：20 分鐘

◆做法

1. 門鱔去大骨，切成 1 厘米日字型厚片，汆水後用紙吸乾水。

2. 用一隻大碗，放入鹹菜的汁，把門鱔醃浸半小時。

3. 鹹菜洗淨斜刀切片，冬菇浸軟斜切片，薑去皮切片，備用。

4. 紅辣椒去籽切絲，唐芹去頭去葉切 4 厘米段，備用。

5. 中火燒熱 2 湯匙油，爆香薑片和冬菇，放入門鱔炒 5 分鐘。

6. 加入鹹菜、唐芹、魚露、糖和清雞湯，沸煮 10 分鐘。放入紅椒絲和胡椒粉再煮沸即成。

CONGER PIKE EEL WITH SALTED VEGETABLES

> Preparation time: 40 minutes / Cooking time: 20 minutes

◆ Ingredients

500 g green conger-pike eel

200 g Chaozhou salted vegetables with juice

3 pcs dried black mushrooms

20 g ginger

1 pc red chili pepper

1 bunch Chinese celery

1 tsp fish sauce

1/2 tsp sugar

250 ml clear chicken broth

1/2 tsp white pepper powder

◆ Method

1. Remove spine, cut fish into 1 cm thick rectangular pieces, blanch and pat dry.

2. Marinate fish in a large bowl with juice from the salted vegetables for 30 minutes.

3. Rinse and slice salted vegetables, slice black mushrooms after softening in water. Peel and slice ginger.

4. Deseed and shred red chili pepper, and cut Chinese celery stem into 4 cm sections.

5. Stir fry ginger and mushrooms in 2 tbsp of oil over medium heat until pungent, add fish and stir fry for 5 minutes.

6. Put in salted vegetables, celery, fish sauce, sugar and chicken broth, and boil for 10 minutes. Add chili pepper and white pepper powder, and re-boil.

焗醃魚

PAN FRIED MARINATED FISH

醃製時間：24 小時 ／ 烹調時間：15 分鐘

烰

，廣東話唸：「暴」，普通話和潮州話都是唸：「pu」。「烰」字是唐代中原古字，是炸的意思，烰醃魚也就是炸醃魚。烰醃魚是我自小在家中常吃的潮州菜式，也是我的至愛之一，但幾十年來，我們從來不曾在任何潮菜食肆中見過或吃過這道菜，甚至沒有遇到有人認識這個「烰」字。在潮州，曾詢問當地的朋友，他們只知道「pu」是潮州話炸的意思，不知道寫作「烰」，更未吃過烰醃魚。

上世紀四十年代之後，隨着潮州府城的商賈富戶逐步遷移流散，很多古老的潮州菜都已逐漸消失。母親告訴我，當時一些比較講究的菜式，一般只上大戶人家的飯桌，有烰醃大黃花吃，誰會吃雜魚魚飯？當時這些人家中最少是有「十妹八婆」（指婢女、廚娘一大堆），吃得刁鑽，不怕耗費人工。母親小時候在外婆家中吃一道「銀芽炒火腿絲」，就是由家中「妹仔」（婢女）把火腿絲逐條釀入銀芽中，炒出來要看不見火腿絲才算合格，如此工夫菜，現代社會根本難以想像。

烰醃魚另一個失傳的原因是原材料的改變，傳統上要用野生大黃花魚，因為大黃花魚魚肉纖維細，肉質嫩滑，醃的時候，味道容易滲透到魚肉中，壓成一縷縷的嫩魚肉，更是鮮美甘腴，無論熱吃冷吃，味道都甚佳。隨着野生大黃花魚的逐漸消失，潮州府城的古老菜式烰醃魚，也就逐漸被人們遺忘了。

做烰醃魚須經過三個程序，第一個步驟是醃製，第二是重壓，第三是煎炸。由於醃過的魚皮很容易炸焦，要訣是：一要油多，二要慢火。只要「妹仔」耐心侍候，一定會煎出皮脆肉嫩的烰醃魚。

◆材料

大白花魚 1 段 約 500 克

薑 40 克

薑汁 1 湯匙

老抽 2 湯匙

酒 1/2 湯匙

糖 1.5 茶匙

鹽 1/2 茶匙

材料選購：買不到大黃花魚，可以用大白花魚、鱸魚或馬頭魚代替。

◆做法

1. 白花魚打鱗去內臟（如有），洗淨後瀝乾水份。

2. 在魚身的兩面上斜斜的剖五、六刀。

3. 把老抽、酒、薑汁、糖和鹽混合，塗遍魚身的內外。

4. 薑切成片，在魚的每一個斜切口中埋放一塊薑片。

5. 把魚連汁放在碟中，用保鮮紙封好，上面用重物壓實，再在冰箱裏放 24 小時，中途把魚身反轉一次。

6. 煎炸前把碟子裏的汁倒掉，用廚紙把魚的汁抹乾。

7. 用紅鑊燒 250 毫升油，慢火多油把魚的兩面半煎炸至熟透，即可上碟。

◇◇◇ 烹調心得 ◇◇◇

- 在魚身剖刀口時，要採用偏鋒斜切，使夾放的薑片不容易掉下來。

- 用重物壓魚，可使魚肉裏的水份慢慢地流出，使魚肉能紮實而入味，壓的時候重量越大越好，用一個裝滿水的鍋來壓是個好辦法。

- 買大條的魚時可以只買一段，做煏醃魚最好是選擇魚的尾段，會比較容易壓上重物，這樣便不會高高低低，使重物掉下來。

PAN FRIED MARINATED FISH

Marinating time: 24 hours / Cooking time: 15 minutes

◆ Ingredients

500 g white croaker

40 g ginger

1 tbsp ginger juice

2 tbsp dark soy sauce

1/2 tbsp wine

1.5 tsp sugar

1/2 tsp salt

◆ Method

1. De-scale and clean fish, remove fish head (if needed), rinse and drain.

2. Make 5 to 6 slant cuts on each side of the fish.

3. Mix soy sauce, wine, ginger juice, sugar and salt, and marinate fish inside and out.

4. Cut ginger into thin slices and insert one into each cut on the fish.

5. Put fish with marinating sauce on a plate, cover with wrap, and place weighty object on top. Refrigerate for 24 hours, turning fish over once during refrigeration.

6. Throw out marinating sauce and dry fish with kitchen towels.

7. Heat 250 ml of oil in a wok, pan fry fish over low heat until both sides are brown and crispy.

肉嫩酥香的煎帶魚，是我母親家很受歡迎的菜式，當年的帶魚，價錢比豬肉還便宜。鳳玲表姨會一次過煎一大碟，一頓飯吃一半，另一半留待翌日作凍吃。凍吃的煎帶魚，實肉而鮮味，佐飯或潮州粥都很好吃，是母親的至愛。在冬天，這另一半的帶魚，會加白蘿蔔和菜脯絲，做上湯半煎煮帶魚，以普寧豆醬調味，「潮」味十足，是佐飯的好菜。

記得在六七十年代，作為亞洲四小龍的香港，經濟開始起飛，工業發展神速，紡織、塑膠、製衣、玩具等工廠如雨後春筍，人人有工做，社會生氣勃勃。那時，多數人都是生活節儉，工廠區滿是十多歲的年青女工，人人一身花布唐裝，手挽一個裝着午飯的搪瓷飯格，就像舊粵語片中的女主角，樸實而清純。搪瓷的飯格，不是飯壺，是一疊三格的兜，兩邊用直條架住，上面有一個挽手柄，飯格又叫飯「烹」或飯籃，沒有保暖夾層，女孩子們每天吃冷的午飯。飯格裏，餸菜通常是前一晚的剩餸，幾條白菜仔，加兩塊煎帶魚，發了薪水，再獎自己一個煎荷包蛋，簡單而實惠。七十年代，大家都改用了金屬或塑料外殼的保溫飯壺，從此四季都有熱飯吃了。

酥煎帶魚

PAN FRIED RIBBON FISH

醃製時間：30 分鐘／
準備時間：5 分鐘／烹調時間：10 分鐘

◆ **材料**

帶魚 400 克

鹽 1 茶匙

胡椒粉 1/2 茶匙

生粉 2 湯匙

◆ **做法**

1. 帶魚洗淨瀝乾，切成每一塊約 6 至 7 厘米長，每塊每邊上橫剆兩刀。

2. 用鹽和胡椒粉抹勻帶魚，醃約 30 分鐘後，用廚紙吸乾水份，抹上一層很薄的生粉。

3. 先把鑊抹乾淨，大火燒紅，放 2 湯匙油。燒熱油後，把鑊拿起輕輕搖動，使油搪勻鑊底，把鑊放回爐火上。

4. 趁油熱把帶魚塊放入鑊，煎約 8 秒，即轉小火，煎至魚皮夠焦黃不會黏鑊底，才小心反轉魚身煎另一面，也是先用大火煎約 8 秒後轉為小火煎。

5. 煎至帶魚兩面都香脆，魚皮呈金黃色，即成。

◇◇◇◇ **烹調心得** ◇◇◇◇

- 帶魚通常可買一段，400 克的帶大約是 20 厘米長。

- 請參考陳家廚坊系列之《天天吃海魚》中的「怎樣煎魚」（第 12 頁）。如果覺得煎完的帶魚仍未夠香脆，可再起油鑊，把煎好的帶魚放入去炸片刻即成。

PAN FRIED RIBBON FISH

Marinating time: 30 minutes
Preparation time: 5 minutes / Cooking time: 10 minutes

◆ **Ingredients**

400 g ribbon fish

1 tsp salt

1/2 tsp ground white pepper

2 tbsp corn starch

◆ **Method**

1. Wash and cut fish into 6 to 7 cm long pieces, and make two slant cuts on each side.

2. Marinate fish with salt and ground white pepper for about 30 minutes, pat dry and apply a thin coat of corn starch.

3. Heat the wok over high heat, add 2 tbsp of oil, pick up the wok and move it in slight motion to coat the bottom of the wok evenly with oil. Put the wok back on the stove over high heat.

4. Put fish in the wok and pan fry for about 8 seconds, reduce to low heat, and cook until the fish is browned on one side before flipping it over. Cook the other side over high heat for about 8 seconds before reducing to low heat.

5. The fish is done when both sides are brown and crispy.

蠔烙是潮汕著名的小食，歷史十分悠久，在清代末年，潮汕地區街頭賣蠔烙的小食攤檔已經十分普遍。傳統的蠔烙是採用汕頭港、達濠、珠浦等地所產的珠蠔，粒狀飽滿，蠔肚部份呈奶白色，有特殊的鮮香味。

很多人都喜歡吃蠔烙，但各地的做法都不同。不知甚麼時候開始，蠔烙變成了一個乾身的蛋煎蠔餅，蠔仔都放得很少，更吃不到潤滑的番薯粉塊。更有不少食肆，為了迎合年輕人的口味，改用茨粉加脆粉再加蠔仔半煎炸成一個大脆餅（有些連鴨蛋也欠奉）。台灣的蠔烙叫蚵煎，是夜市的著名街頭小食，台灣的蚵煎中加入了蔬菜，蠔仔放得極少，最後淋上了一種甜味的醬，顏色和味道都很特別，難以置評。

「烙」潮州菜常用的烹調技巧之一，即常見的「煎」，但潮菜廚師很少用「煎」字。傳統的潮州蠔烙是厚勝蠔烙，是煎成一堆的滑烙，口感潤滑，特點是材料中的珠蠔放得甚多，啖啖蠔仔，與半凝固的番薯粉和鴨蛋，香味和口感配合得天衣無縫。近十多年，各地包括潮汕地區和香港的食肆，做的是半煎炸的乾身蛋煎蠔餅，甚至是全炸脆口蠔餅，傳統厚勝滑烙的古法蠔烙，基本上幾近絕跡。數年前我也曾在潮州府城街邊小販吃到厚勝滑烙，對此至今念念不忘。尤幸我的鳳玲表姨，深得外婆家私房烹飪真傳，使古法厚勝蠔烙再傳到我這一代，今天能與大家分享，亦深具飲食文化保育的意義，值得珍惜。

先家翁特級校對所著的《食經》中，有一篇是寫福建蠔煎，福建人的蠔煎，近似潮汕人的蠔烙。《食經》中介紹的是廈門的蠔煎，用料除了珠蠔、鴨蛋和番薯粉之外，還有青蒜臘腸和加入豉油。其中有一個與潮汕蠔烙相同之處，就是用豬油。「厚勝」者豬油也，説起「勝」這個字眼，現代都市人或許有點害怕，但有些中國傳統食品沒有厚勝（豬油）就真的不能達到美味的要求。「勝」對潮汕人非常重要，無論炒菜、炒麵、做甜食都喜歡用上豬油，以增加香味。用厚勝煎蠔烙，外層酥脆金黃，中間的珠蠔和番薯粉軟滑鮮嫩，誘人香味撲鼻而來，再蘸上魚露，人間美食也。

我們「陳家廚坊」系列之《追源尋根客家菜》中，有「為豬油鳴冤」一文，引用了美國農業部國家營養數據庫的數據，證明了豬油的膽固醇含量和飽和脂肪比牛油少很多，希望讀者不用對豬油談虎色變，錯過了人間美食。

厚勝蠔烙

PEARL OYSTER PANCAKE,
CHAOZHOU STYLE

準備時間：10 分鐘
烹調時間：15 分鐘

◆ 材料

新鮮珠蠔 300 克	鹽 1/2 茶匙	胡椒粉 少許
鴨蛋 2 個	葱白 2 條	水 125 毫升
番薯粉 50 克	芫荽 2 株	生粉 1 茶匙
肥豬肉 40 克	魚露 2 湯匙	

材料選購：最好能買到約 1 厘米大小的珠蠔，但隨着季節的變化，能買到的珠蠔可能大至 2 厘米。

珠蠔

◆ 做法

1. 新鮮珠蠔用 1 茶匙生粉抓洗後，用清水漂洗乾淨，用沸水快速氽過，瀝乾水份。

2. 芫荽切約 1 厘米碎段，葱白切成葱珠，鴨蛋打勻，備用。

3. 肥豬肉切碎，在熱鑊中先燒熱 1 茶匙油，再放下肥豬肉，用慢火煎出豬油，鏟出豬油渣不要，鑊中留一半豬油，另一半盛起備用。

4. 番薯粉放在大碗中，加入芫荽碎、鹽、胡椒粉和清水，攪拌均勻成粉漿，把氽過的珠蠔放入粉漿中。

5. 開大火先爆香葱白粒，倒入珠蠔粉漿，輕輕兜勻把番薯粉煮熟。

6. 把鴨蛋漿淋在蠔餅上面，煎至蠔餅邊上成脆邊，在鑊邊加入餘下的豬油兜勻即起。

7. 吃時拌以魚露作蘸料。

◇◇◇ 烹調心得 ◇◇◇

- 蠔烙要訣在於猛火，豬油（厚膡）要分兩次落鑊，第一次的作用是起鑊，第二次的作用是加滑加香，即為之厚膡。

- 珠蠔在氽水時不要煮得太熟，在開水裏一燙就可以了，否則便沒有吃蠔的口感。

- 豬油可以用其他食油代替，但口感就不一樣了。

- 吃時拌以魚露作蘸料，也有潮州人把沙茶醬稀釋來作蠔烙的蘸料。

- 讀者如果喜歡脆口蠔餅的吃法，就用 1/2 番薯粉加 1/2 的炸粉（脆粉）來開粉漿，而且不要太多兜炒，放平煎出來就是現在食肆賣的那種餅型的蠔烙。

- 清洗珠蠔時要注意把蠔殼挑出。

PEARL OYSTER PANCAKE, CHAOZHOU STYLE

Preparation time: 10 minutes / Cooking time: 15 minutes

◆ Ingredients

300 g fresh pearl oysters

2 pc fresh duck eggs

50 g sweet potato starch

40 g fatty pork

1/2 tsp salt

2 stalks spring onion stems

2 bunches coriander

2 tbsp fish sauce

a pinch ground white pepper

125 ml water

1 tsp corn starch

◆ Method

1. Mix pearl oysters with 1 tsp of corn starch, rub gently to clean, and rinse thoroughly with cold water. Blanch (very rapidly) oysters. Drain.

2. Cut coriander into 1 cm sections and spring onion stems into bit size chunks. Beat duck eggs.

3. Cut fatty pork into small pieces and pan fry over low heat in 1 tsp of oil until lard is released from the pork and the pork pieces are crispy. Discard pork crisps and save half of the lard from the wok for later.

4. Mix sweet potato starch in a large bowl with coriander, salt, white pepper and water, add oysters and blend into an oyster batter.

5. Stir fry spring onion in lard over high heat, put in oyster batter, and stir gently until the sweet potato starch are fully cooked.

6. Pour duck eggs on the oyster pancake. When the edges of the pancake become crispy, drizzle the remaining lard along the side of the wok, toss gently and dish out to plate.

7. Serve together with fish sauce.

炸蝦棗

DEEP FRIED SHRIMP BALLS

講求「鮮」味，是潮州菜和其他菜系最不同的地方。潮州菜是以淡出鮮，再由鮮出味，盡量保持食材的本來味道，不加很重的調味料把食材的鮮味覆蓋，而是講究保持材料的原味，追求本味。不少潮州菜式，味道靠的是菜餚配有一碟蘸料，但可蘸可不蘸，讓食客自行調校菜式的味道，提升味道的層次。

潮汕地區的地理位置得天獨厚，海岸線長達三百多公里，海產品種繁多，產量豐富。客家人靠山食山，潮州人靠海食海，琳琅滿目、靈活百變的潮州菜，食材總是離不開各種鮮味的海產。炸蝦棗是潮州的傳統名菜，味道鮮美而口感有彈性，很受海內外食客的歡迎。儘管蝦棗是用油炸的，但由於有甜酸味道的蘸料，不會覺得油膩。這道菜式正正是體現了潮州菜廣、精、清、鮮、巧的特徵。

其實在家做炸蝦棗，步驟並不複雜，想蝦棗做得好，最重要的是用最新鮮的活海蝦。製作程式包括剝殼、挑腸、抓洗、冷凍、剁茸、打膠、搓丸、再冷凍、炸丸，過程一絲不苟。材料除了鮮蝦外，還加了肥豬肉和馬蹄，蝦的鮮味和馬蹄的爽脆是非常巧妙的配搭，也增強了蝦膠的質感。我們家炸蝦棗的做法，是加入少許蝦醬來調味，鮮甜之中再添加了海洋的味道。

潮汕地區還有一種很受歡迎的潮州街頭小食五香蝦餅，是用連殼小蝦加入五香粉和麵粉水拌成脆香漿，再炸成香脆可口的小餅。炸蟹棗也是潮州名菜，由於蟹肉本身不帶膠質，不像蝦棗能捏成球。蟹棗的做法是先把蟹蒸熟，拆出蟹肉，再混以蝦膠、茨粉和調味料，包在腐皮中捲成長條，放在冰箱中冷藏定型，然後切成小段，下鍋炸至金黃即成。

浸泡及醃製時間：1 小時 ／ 冷藏時間：2 小時 ／ 烹調時間：10 分鐘

◇◇◇◇ **烹調心得** ◇◇◇◇

- 在打蝦膠時，要向同一方向攪，而且不能打過度，否則蝦膠會發酵，蝦棗會發脹。
- 蝦棗調味不能放料酒，否則會散開。
- 炸前把蝦棗放進冰箱中冷藏，可使蝦棗的水份稍為收乾，有助蝦棗成型。
- 炸蝦棗時，要不斷地輕輕翻動，這樣顏色才會均勻。

◆ 材料

鮮蝦 600 克	蝦醬 1/2 茶匙
粗鹽 1 茶匙	幼鹽 1/2 茶匙
肥豬肉 20 克	糖 1/2 茶匙
馬蹄 5 粒	白胡椒粉少許
雞蛋白 1 個	生粉 1/2 茶匙

◆ 做法

1. 剖開鮮蝦，去掉蝦腸和血管。

2. 蝦肉放在漏箕裏，加粗鹽用手抓洗，再用冷水沖淨瀝乾。

3. 用廚紙或乾淨布吸乾蝦肉的水份，再用保鮮紙捲起蝦肉，放在冰箱裏冷藏 1 小時。

4. 肥豬肉切成細粒，馬蹄去皮切成細粒，備用。

5. 把砧板（案板）洗淨抹乾，把冷藏過的蝦肉用菜刀身壓扁（圖 1），然後再用刀背反復粗剁成蝦茸（圖 2），用刀把蝦茸鏟起放在一個大碗中。

6. 在蝦茸中加入蛋白，用筷子循同一方向攪到起膠（圖 3），再加入蝦醬、幼鹽、糖、白胡椒粉和生粉等拌勻，用手抓起蝦茸再撻回碗中，如此反復多次，至撻到呈膠狀。

7. 在蝦膠中加入肥豬肉粒和馬蹄粒拌勻。

8. 左手先沾水，抓一些蝦膠，在左手虎口位置擠出一個如乒乓球大小的球（圖 4），右手用羮沾水後把蝦膠球撥出，逐粒放碟上。

9. 把蝦棗放進冰箱中冷藏 1 小時。

10. 把 750 毫升炸油燒至約攝氏 170 度，用慢火慢慢把蝦棗炸至金黃，取出瀝油即成。

11. 吃時可蘸潮州桔油或甜酸醬。

DEEP FRIED SHRIMP BALLS

> Soaking and marinade time: 1 hour
> Refrigerating time: 2 hours / Cooking time: 10 minutes

◆ Ingredients

600 g fresh shrimps	1/2 tsp shrimp paste
1 tsp coarse salt	1/2 tsp salt
20 g pork fatback	1/2 tsp sugar
5 water chestnuts	a pinch white pepper powder
1 egg white	1/2 tsp corn starch

◆ Method

1. Shell shrimps and remove heads. Slice shrimps horizontally in half and remove intestines and blood vessels.

2. Place shrimps in a colander and rub with coarse salt to clean. Rinse with fresh water and drain.

3. Absorb excess water on the shrimps with kitchen towels or clean cloth, wrap shrimps in a sheet of cellophane and refrigerate for 1 hour.

4. Dice pork fatback, peel and chop water chestnuts.

5. Wash and clean chopping board thoroughly. Place shrimps on the board, squash with the flat of a large knife (fig.1), and chop with the back of the knife (fig.2) to a gluey texture. Remove chopped shrimps to a large bowl.

6. Add egg whites to the chopped shrimps in the bowl and stir with chopsticks in a single direction until gummy (fig.3). Stir in shrimp paste, salt, sugar, white pepper powder and corn starch, mix thoroughly, pick up mixture by hand and smash against the bowl several times until a gluey patty is formed.

7. Stir in water chestnuts and pork fat, and mix thoroughly.

8. Wet one hand with water, pick up a handful of shrimp patty, squeeze patty through the opening between thumb and fore finger to form a ping pong size shrimp ball (fig.4). With the other hand, dip a spoon in water and remove the shrimp ball to a plate. Repeat until the entire shrimp patty is made into shrimp balls.

9. Refrigerate shrimp balls for 1 hour.

10. Heat 750 ml oil to about 170°C, and deep fry shrimp balls over low heat until golden. Remove shrimp balls to drain oil.

11. Serve with Chaozhou tangerine sauce on the side.

金不換炒薄殼

STIR FRIED MUSCHULUS SENHOUSEI
WITH BASIL

賣蠔仔的檔販，常常見到有一盆滿是泥污，結成一串串的小貝殼，這小東西叫做薄殼，顧名思義，外殼很薄易碎。薄殼形狀像瓜子，所以俗稱海瓜子，屬貝殼類，學名叫做「尋氏肌蛤」，裏面的肉很細小，卻是潮州菜中最具獨特風味的食材之一。薄殼產於我國福建至潮汕地區的海邊沿岸，是一種非常廉價的海產。入秋時節，漁民用拖網船連魚蝦薄殼一起捕獲，潮退時也可以在海邊灘涂中拾得到，所以薄殼是平民百姓的海鮮。

薄殼除了可以連殼炒吃之外，還有去掉殼成薄殼米。鹽漬薄殼米叫做「鳳眼鮭」，這裏的「鮭」字不是指三文魚，在潮州語中「鮭」字的意思是一種鹽醃的海產，其實並不是真的臭了，只是像臭豆腐那樣，有些人嗅之立刻掩鼻，有些人想起就食指大動。我小時候，親戚由潮州來香港看外婆，帶來一瓶鳳眼鮭，外婆每次吃糜（粥）就吃一點點，非常珍惜，它是外婆的專屬品；當然，那特別的味道，我們小孩子是絕對不會偷吃的。

每年端午節後，市場上開始有薄殼出售，但最好等立秋之後，薄殼個子更肥滿，味道更鮮美。薄殼有公母之分，紅肉為母，白肉為公，味道一樣鮮美。汕頭澄海鹽鴻，是著名的薄殼產地，在薄殼當造的季節，當地會舉行薄殼節，食肆更有薄殼宴，全席絕大部份的菜式的主角都是薄殼，菜式有金不換炒薄殼、薄殼米煎蛋、薄殼米金瓜煲、薄殼米粿條卷、薄殼煮番瓜、薄殼米腸粉、薄殼米炒飯等等，盡顯薄殼的美味，成為當地的特色。

潮州人炒薄殼，一定離不開蒜頭和金不換（羅勒），金不換炒薄殼不只是傳統的潮州菜，也是一道著名的泰國菜。

金不換

133

泡浸時間：1 小時

準備時間：15 分鐘 ／ 烹調時間：5 分鐘

◆材料

新鮮薄殼 600 克　　　　糖 1 茶匙

新鮮羅勒 75 克　　　　　白米醋 1 茶匙

小紅尖椒 2 隻　　　　　　生抽 1 茶匙

蒜頭 4 瓣

沙茶醬 2 湯匙

材料選購：羅勒（Basil），潮州人叫做金不換，在台灣叫做九層塔，新鮮羅勒葉在泰國食品店、大型超市蔬菜部及菜市場均有售。

◆做法

1. 把薄殼用清水沖淨泥沙，在一盆清水中加 1 茶匙鹽拌勻，把薄殼放在鹽水中浸 1 小時，用清水沖洗兩三次後，再用筲箕瀝乾水份。

2. 新鮮羅勒葉摘去梗莖不要，只留嫩葉。小紅尖椒去蒂，連籽斜切，備用。

3. 沙茶醬加糖，用 2 湯匙水預先稀釋。

4. 蒜頭去衣，剁成茸。

5. 燒熱 2 湯匙油，爆香蒜茸，加入沙茶醬、紅椒、米醋和生抽炒勻，把薄殼加入急炒，見薄殼開口，加入羅勒葉同爆炒幾下即可上碟。

◇◇◇ 烹調心得 ◇◇◇

• 買回來的薄殼是一束束的，要用手把薄殼一隻隻分離出來。

• 新鮮羅勒葉不要用水洗，會洗去香味。

• 不愛吃辣的話，可減去 1 隻紅椒。

STIR FRIED MUSCHULUS SENHOUSEI WITH BASIL

> Soaking time: 1 hour
> Preparation time: 15 minutes / Cooking time: 5 minutes

◆ Ingredients

600 g fresh muschulus senhousei

75 g fresh basil

2 pc red chili pepper

4 cloves garlic

2 tbsp sha cha sauce

1 tsp sugar

1 tsp white vinegar

1 tsp light soy sauce

◆ Method

1. Wash the mud off the muschulus senhousei, then immerse in a pan of clean water with 1 tsp of salt added for 1 hour, and rinse with clean water two or three times until totally clean of mud and sand. Drain.

2. Pick only tender basil leaves and discard the rest. Remove stem of the chili peppers and slant cut peppers into small chunks.

3. Add sugar to the sha cha sauce and dilute with 2 tbsp of water.

4. Peel and chop garlic.

5. Stir fry garlic until pungent in 2 tbsp of oil, add sha cha sauce, chili peppers, vinegar and soy sauce, then put in muschulus senhousei and stir fry quickly. When the shells begin to open, add basil and toss a few times to thoroughly mix before serving.

欖菜焗蝦

PRAWNS SAUTÉED WITH
OLIVE VEGETABLES

◆材料

中蝦 400 克

欖菜 3 湯匙

糖 1 湯匙

魚露 1 湯匙

準備時間：10 分鐘
烹調時間：15 分鐘

◆做法

1. 用廚剪剪去蝦頭部份的尖刺和蝦腳，再把蝦洗淨，用廚紙吸乾水份。

2. 用大火燒熱 750 毫升油，拿一把蝦放入油鑊裏炸，見到鑊裏的泡沫少了，即用漏勺把蝦撈起，到油再熱後，把炸過的蝦放回再炸。以上步驟為每一把蝦重複三次，然後用同樣方法把餘下的蝦炸完。

3. 洗淨鑊，燒熱後下 1 湯匙油，用中火把蝦和糖爆炒，再加進欖菜和魚露，快手兜勻即成。

◇◇◇ **烹調心得** ◇◇◇

- 蝦要分開三次炸，才能把蝦殼炸脆而避免蝦肉炸得太老。如果一次過把蝦殼炸脆，蝦肉便會炸得過火。
- 最後的爆炒要快，不然會把醬料炒焦。
- 欖菜就是鹹菜葉加烏欖熬煮而成的醬料，超市有瓶裝的欖菜出售。

PRAWNS SAUTÉED WITH OLIVE VEGETABLES

Preparation time: 10 minutes / Cooking time: 15 minutes

◆ **Ingredients**

400 g fresh prawns, medium

3 tbsp preserved olive vegetables

1 tbsp sugar

1 tbsp fish sauce

◆ **Method**

1. Trim the sharp claws from the head and legs from the body of the prawns, then rinse and pat dry with kitchen towels.

2. Heat 750 ml of oil in the wok over high heat, put in a handful of prawns, then remove them when the bubbles in the oil begin to lessen, wait until the oil is heated up again before putting them back in the oil again. Repeat the process three times for each batch.

3. Clean the wok, heat 1 tbsp of oil over medium heat and stir fry prawns with sugar, add preserved olive vegetables and fish sauce, and toss quickly and thoroughly. Do not overcook.

韭菜炒水蜆

STIR FRIED BABY CLAMS

浸泡時間：2 小時 ╱ 準備時間：5 分鐘 ╱ 烹調時間：5 分鐘

◆ 材料

水蜆肉 300 克　　小紅辣椒 1 隻

韭菜 150 克　　　魚露 1/2 茶匙

薑 15 克　　　　糖 1/2 茶匙

蒜茸 1 茶匙　　　胡椒粉少許

材料選購：水蜆肉在潮汕地區也叫做紅肉米或蜆仔肉，在潮汕雜貨食品店或街市的魚檔有售。

◆ 做法

1. 水蜆肉用水沖洗後，浸清水 2 小時，汆水後撈起瀝乾。

2. 薑去皮，切成薑米，備用。

3. 韭菜洗淨瀝乾，切 1 厘米長粒，紅辣椒去籽切粒。

4. 大火燒滾 2 湯匙油，爆香蒜茸、薑米及紅辣椒粒，放入水蜆肉、糖、韭菜粒和魚露同炒約 1 分鐘。

5. 加入胡椒粉，兜勻後即可上碟。

◇◇◇ **烹調心得** ◇◇◇

• 水蜆肉可能有砂粒，要沖洗乾淨。

• 水蜆本身有鹹味，這道菜放半湯匙魚露已夠鹹度。

• 俗語説「生葱熟蒜半生韭」，韭菜快炒至半生熟較好吃，熟透即「韌」。

STIR FRIED BABY CLAMS

Soaking time: 2 hours
Preparation time: 5 minutes / Cooking time: 5 minutes

◆ Ingredients

300 g shelled baby clams

150 g chives

15 g ginger

1 tsp garlic, chopped

1 pc small red chili pepper

1/2 tsp fish sauce

1/2 tsp sugar

a pinch white pepper powder

◆ Method

1. Rinse shelled baby clams and soak in water for 2 hours. Blanch and drain.

2. Peel and chop ginger.

3. Rinse and cut chives into 1 cm sections, de-seed and dice red chili pepper.

4. Heat 2 tbsp of oil over high heat, stir fry garlic, ginger and red chili pepper until pungent, add clams, sugar, chives and fish sauce, and stir fry for about 1 minute.

5. Finally add a pinch of white pepper powder and toss thoroughly.

厚菇大芥菜

HEAD MUSTARD WITH MUSHROOMS

潮州菜包括了汕頭、揭陽、陸豐等地的菜式，它承傳了自中原南下的華夏文化，以及當地山民和古海豐人的飲食文化，經過千年歷史的洗禮，形成了今天的潮州菜。尤其是近幾十年來，潮州菜以其獨特的風味，以及海內外特別是泰國潮籍華人的致力推廣，馳名中外。

潮州菜中有一種很特別的烹調方法，就是素菜葷做，主角材料雖然是素菜，但在烹調過程中卻大用葷料，取其肉味和油脂，上碟前還一定要把葷料盡棄，使看起來是素菜，但它又絕不是齋菜，是介乎葷素之間的菜式。這種做法，在各省中菜烹調中很少見，它別出心裁的做法，正好表達了「有味者使之出，無味者使之入」的烹調境界，足見潮州人深厚的文化底蘊，和精益求精、追求理想的性格。

厚菇大芥菜是典型的素菜葷做的菜式，在潮州人的筵席中，是很受歡迎的菜式之一，口味軟爛甘香，冬菇鮮味香滑，老少咸宜。按照潮汕人的習俗，在農曆大年初七，家家要吃七樣不同的蔬菜，又稱為「七樣羹」，每種蔬菜都有好意頭，其中的大芥菜是「發大財」的意思。

包心大芥菜，又叫做卷心大芥菜，是十字花科芥菜的葉球蔬菜，葉柄肥大粗短，肉質厚嫩而柔較無渣，是我國南方獨有的一種蔬菜食材。包心大芥菜不只做菜可口，而且營養豐富，維生素 C 和鈣、鐵的含量特別高，有抗癌、清熱解毒、降壓降血脂的功效。

球型大芥菜

準備時間：10 分鐘 ／ 烹調時間：15 分鐘

◆ 材料

包心大芥菜 1 個　　生抽 1 茶匙
厚冬菇 8 朵　　　　鹽 1/2 茶匙
五花腩 150 克　　　清雞湯 500 毫升
蒜頭 6 瓣

> 材料選購：要選肥肉比較多的五花腩。

◆ 做法

1. 切去包心大芥菜最外面的兩、三塊葉子，只留包心的莖及芥菜心，用斜刀把芥菜莖和心切成大塊。
2. 大火煮沸水，放入芥菜，汆約 5 分鐘，取出瀝水，備用。
3. 五花腩切薄片，蒜頭去衣，備用。
4. 冬菇浸軟，切去蒂，瀝乾水份，用生抽醃 10 分鐘，再用 1 湯匙油拌勻。
5. 在煲內大火燒熱 1 湯匙油，放入肥五花腩片煎至出油，加入蒜頭爆香，再放入冬菇一起炒，加入清雞湯及芥菜，煮沸。
6. 慢火加蓋煮至芥菜軟腍，加鹽調味，把五花腩片取出不要，把芥菜和湯汁盛入大碗，即可上桌。

◇◇◇ 烹調心得 ◇◇◇

- 大芥菜是寡物，必須用肥油來煮才好吃。
- 冬菇醃過後拌油，可使冬菇更嫩滑。
- 潮式燜大芥菜，也有食肆加入蝦米、火腿片或江珧柱同燜，但上桌時都應要把葷物棄掉，這才是潮州菜的吃法。

HEAD MUSTARD WITH MUSHROOMS

> Preparation time: 10 minutes / Cooking time: 15 minutes

◆ **Ingredients**

1 pc head mustard

8 pc thick dried black mushroom

150 g pork belly

6 cloves garlic

1 tsp light soy sauce

1/2 tsp salt

500 ml clear chicken broth

◆ **Method**

1. Discard the 2 or 3 outer leaves of head mustard, leaving only the stem and mustard heart, and cut it into large slices.

2. Blanch the mustard slices for 5 minutes, drain.

3. Cut pork belly into thin slices and peel garlic.

4. Soften mushrooms in water, discard the stems and squeeze mushrooms to remove excess water. Marinate with soy sauce for 10 minutes and then mix with 1 tbsp of oil.

5. Heat 1 tbsp of oil in the pot over high heat and pan fry pork belly until the fat is released. Stir fry garlic until pungent, add mushrooms, chicken broth and head mustard slices, and bring to a boil.

6. Cover with lid and cook over low heat until head mustard slices become soft, then season with salt and discard pork belly. Transfer head mustard slices and sauce to a large bowl and serve.

蔬菜、湯水

厚菇大芥菜

欖角肉碎炒四季豆

潮州烏欖也是受歡迎的潮州雜鹹之一，鹹香可口。烏欖多產自廣東、福建和廣西，其中以潮州普寧出產的油欖和車籽欖品質最佳，色澤烏亮而帶油光。

欖角即烏欖角，烏欖的醃製品，做法是把烏欖灼熟後去核切開兩邊，以鹽水浸漬再乾燥而成，味道鹹香，是做蒸菜或炒菜的好配料，能增加風味。市場上買到的欖角，通常是乾身而硬皮的，煮菜時不容易出味，也比較難消化，因此最好要經過加工。我們陳家獨創的精製甘草欖角，已經吃了超過半個世紀，甚受歡迎。加工後欖角的皮變軟，盡吸甘草、陳皮、薑汁而產生難以形容的韻味，加了糖的「和」味，還有浸以橄欖油後的油潤，入口甘甜鹹香，是蒸魚、蒸肉餅、炒菜的絕佳配料。

乾煸是川菜中常見的烹調法之一，著名的菜式有乾煸牛肉絲、乾煸魷魚絲和乾煸四季豆。在中菜的烹調法中，乾煸的意思就是把材料用油慢炒，至逼出水份，使材料的口感變得酥香。四季豆預先用油炸至起縐，是因為四季豆中的含水份量較高，要用高溫油炸才可逼出及揮發水份，炒的時候便不需要很長的時間。乾煸的烹調技法，再加上陳家的精製甘草欖角，能帶出鹹、香、甜、甘各種不同的味道，把本來普普通通的乾煸四季豆，加入了更高層次的味蕾感受。

準備時間：5分鐘 ／ 烹調時間：10分鐘

◆材料

四季豆 300 克
蒜頭 2 瓣
小紅辣椒 1 隻
精製欖角 12 粒
豬肉末 60 克
頭抽 1 茶匙
料酒 1 湯匙
炸油 500 毫升

◆做法

1. 把四季豆兩頭和連着的筋撕去，洗淨瀝乾，切成約 5 厘米長段。

2. 蒜頭去衣剁蓉，小紅辣椒斜切片，欖角再加工剁細。

3. 把炸油燒至中高溫（約 170°C），放下四季豆，炸至皮起縐，盛出，瀝油。

4. 倒起炸油，只留 2 湯匙油在炒鍋，用中火爆香蒜蓉和小紅辣椒，放入豬肉末炒散，加頭抽同炒，在鍋邊潷酒。

5. 放進欖角，用中火炒香。

6. 加入四季豆，改大火，炒至所有材料完全混合，即成。

精製甘草欖角

◆材料

欖角 200 克
糖 1 湯匙
薑汁 2.5 湯匙
甘草粉 1/4 茶匙
陳皮 2 克

◆做法

1. 陳皮泡軟後剁末，欖角洗乾淨、瀝乾後，和甘草粉、陳皮末、糖和薑汁混合，放大碗內，用錫紙密封。

2. 隔水燉 45 分鐘後，把燉好的甘草欖角和碗中的汁再混和一次，使每一粒欖角都沾上融化了的糖和薑汁。

3. 涼卻後放入密封的玻璃瓶子，倒入橄欖油浸至完全覆蓋所有的欖角。

4. 製好的甘草欖角即可隨時食用，但浸七天後的味道更佳。

5. 用橄欖油浸着的甘草欖角可貯存三至四個月，隨時用來炒飯、炒菜、蒸豬肉餅和蒸淡水魚，味道特佳。

STIR FRIED SNAP BEAN WITH
MINCED PORK AND PRESERVED BLACK OLVES

Preparation time: 5 minutes / Cooking time: 10 minutes

◆ **Ingredients**

300 g snap beans

2 cloves garlic

1 pc red chili pepper

12 pc preserved black olives

60 g minced pork

1 tsp light soy sauce

1 tbsp cooking wine

500 ml oil for deep frying

◆ **Method**

1. Tear off stems and strings of the snap beans, rinse and cut into 5 cm long sections.

2. Chop garlic, deseed and slice chili pepper, and chop black olives.

3. Heat oil in a wok to a medium high temperature (about 170°C), deep fry snap beans until the skins begin to wrinkle. Remove beans or drain excess oil.

4. Pour out oil, leaving only about 2 tbsp in the wok, and stir fry garlic and chili pepper until pungent. Put in minced pork and stir fry, add soy sauce and sprinkle wine along the inside of the wok.

5. Add black olives, and stir fry over medium heat until aromatic.

6. Put in snap beans, change to high heat and toss until all ingredients are blended.

PRESERVED BLACK OLIVES WITH LICORICE

◆ Ingredients

200 g preserved black olives

1 tbsp sugar

2.5 tbsp ginger juice

1/4 tsp licorice powder

2 g aged tangerine peel

◆ Method

1. Soften aged tangerine peel in water and chop finely. Rinse the preserved black olives, drain, and mix well with licorice powder, aged tangerine peel, sugar and ginger juice in a large bowl. Seal the bowl with aluminum foil.

2. Steam for 45 minutes, then stir to ensure a better mix of all the ingredients.

3. Bottle in a jar after cooling. Add olive oil to completely cover the preserved black olives.

4. Preserved black olives can be used immediately but are best after 7 days.

5. Preserved black olives soaked in olive oil is good for 3 to 4 months. Some of the popular uses include fried rice, stir fry vegetables, steam pork patty and steam fresh water fish.

潮州的廣濟橋

那天在潮州，我們在太平路的百年老店胡榮泉吃午飯，菜式很平民化，倒是樓下店面的糕餅小食店，品種繁多，有我們熟悉的老婆餅、腐乳餅、綠豆餅、雲片糕、酥糖、葱糖等等，是買手信的好地方。

飯後，友人有事去汕頭，順道開車送我們去韓文公祠。韓文公祠位置在韓江的東岸，是潮州人為了紀念韓愈在潮州的德政而建的祠院。我們下車之後，見韓文公祠依山而起，步步梯級，直上半山，如果要由大門牌坊走上正殿，大約有八層樓高，可嘆非我等耆英力所能及，所以在牌坊處拍了照，到此一遊算了。由韓文公祠要回到韓江西岸我們下塌的酒店，卻是「無遮無扇，神仙難變」，見不到一輛的士，公共汽車又不懂得乘搭，正在煩惱中，忽見廣濟橋的入口在不遠處，步行可及，於是決定步行過韓江。

潮州有句俗語：「到潮不到橋，枉費走一場」，所指的橋就是廣濟橋，俗稱湘子橋，與洛陽橋、趙州橋、盧溝橋合稱中國四大古橋，它也是世界上第一座開合式大橋。韓湘子是韓愈的侄孫，他請來八仙幫忙建這條橋，人們為了記念八仙造橋的功德，所以叫做湘子橋，但這只是個神話。

事實上，廣濟橋始建於南宋乾道七年，因韓江水流湍急，潮州又多次經歷戰亂，大橋修修停停，又建又毀，然後再建，最後經過一代又一代人的努力，到明嘉靖九年才完成，歷時三百多年。廣濟橋位於古城東門外，橫跨韓江，貫東西兩岸，為古代閩粵交通的要道。廣濟橋的建築非常獨特，兩邊的橋頭先是一座拱橋，跟着是有二十四個橋墩的樑橋，每個橋墩上都有一座亭台樓閣，每個的形態都不同，橋的中間是由十八隻木船橫串起來的活動浮橋，有需要時還可以解開，樑舟結合，聯閣重瓴，蔚為奇觀，令人嘆為觀止。步行過橋要收觀光費，作為大橋的管理維修費用，小童和老人收半價，我們覺得光是欣賞眾多牌坊亭匾上的古代文人書法，已值回票價，不枉此行。

湘子橋全貌

每個橋墩上都有一座亭台樓閣

胡椒豬肚白果湯

PORK TRIPE SOUP WITH GINGKO

陳家廚坊系列中的《追源尋根客家菜》中，介紹了中原人兩千年來多次向南大遷徙，從西晉的八王之亂和五胡亂華，以及之後的唐末戰亂，宋室南遷；最後大部份遷移的中原人，集中在福建、廣東、江西三省，部份甚至到了四川，而到了福建的中原漢人，多集中居住在莆田地區。莆田是抗元最慘烈的地區，更不幸的是，在明代又被倭寇肆虐，部份莆田先民被逼再舉家南遷進入了潮州，融入了海豐人、越人和畬族混合的社會，在物產豐富氣候溫和的潮州，得到了好幾百年的安居樂業；潮人尋根，可以從潮州方言中尋求到答案，潮州方言的底語來自古莆田方言，又保留了中原漢人的語音和用詞。

潮州人雖然知道自己的祖先，也有可能像客家人一樣，從中原遷徙而來，但從不自認為客家人，客都梅州其實跟潮州地理上很接近，但壁壘分明，講的方言完全不同。潮州人與客家人的性格有一點很相似，都是刻苦耐勞和非常節儉，農民因為土地少，養豬就成為必然的副業，潮州人與客家人一樣，把豬賣了換錢之後，再取回豬頭和內臟留給家人吃，所以也是最擅長利用豬大腸、粉腸、豬肚、豬肺、豬頭豬尾等材料，做出美味的農家菜。

胡椒豬肚白果湯，是廣受歡迎的潮州菜式之一；近年在粵菜酒樓也常有這個湯菜，更有成為廣式「飲茶」的點心之一。胡椒豬肚白果湯是個湯菜，亦湯亦菜，多數人主要是吃湯中的材料，喝湯是其次，這就是潮州菜的特色之一。而胡椒豬肚白果湯中的白果，近年在市場上出售真空包裝的新鮮白果肉，食用方便，大部份是由潮汕地區生產的。

◆材料

新鮮豬肚 1 個
潮州鹹菜 1/4 棵
白果肉 70 克
白胡椒粒 30 粒
粗鹽 1 湯匙
生粉 1 湯匙
白醋 1 湯匙
清雞湯 500 毫升

準備時間：15 分鐘
烹調時間：3 小時 / 泡浸時間：1 小時

◆做法

1. 新鮮豬肚沖洗表面之後，把豬肚反轉，用粗鹽徹底洗擦後，沖清水，用生粉再洗擦，再沖清水至豬肚沒有潺為止。

2. 用 750 毫升清水，加入白醋調勻，把豬肚浸入，沸煮 10 分鐘，取出沖洗後，用廚剪剪去豬肚的豬油和雜邊，再切成長方條。

3. 潮州鹹菜切去菜葉不要，把鹹菜莖沖洗後用水浸半小時，擠乾水份，斜刀切成與豬肚大小相若的塊狀。

4. 白胡椒粒用硬物壓碎，白果肉去芯洗淨。

5. 把豬肚、鹹菜、白果肉和白胡椒粒放入燉盅內，注入清雞湯，加蓋燉 3 小時即可。

◇◇◇◇ 烹調心得 ◇◇◇◇

• 煮這個湯最好買新鮮豬肚，雖然洗擦要花一些功夫，但味道比較鮮，冷藏豬肚也未必清洗得很徹底，亦可能用化學品漂過，還是自己動手安全些。

• 豬肚洗去潺之後，再用白醋水煮過，可去腺味。

• 如果買真空包裝的新鮮白果肉，果肉的一頭有黑點即表示有黑芯，可在一頭用刀切開小口，再把黑芯挑出。

胡椒豬肚白果湯

PORK TRIPE SOUP WITH GINGKO

◆ Ingredients

1 pc pork tripe

1/4 head Chaozhou salted vegetable

70 g gingko nut flesh

30 grains white peppercorn

1 tbsp coarse salt

1 tbsp corn starch

1 tbsp white vinegar

500 ml clear chicken broth

Preparation time: 15 minutes
Cooking time: 3 hours
Soaking time: 1 hour

◆ Method

1. Rinse the surface of the tripe, turn it inside out and scrub thoroughly with coarse salt, rinse with cold water, then rub with corn starch and rinse until all grit and any mushy film are removed.

2. Add vinegar to 750 ml of water and blanch for 10 minutes. Rinse thoroughly and remove all trimmings and fat from the pork tripe with kitchen scissors, then cut into long stripes.

3. Cut away the leaves from the Chaozhou salted vegetable, rinse and soak the stem part in cold water for 30 minutes, squeeze out excess water and cut into pieces similar in size to the tripe.

4. Crush white peppercorns, and remove the heart from the gingko nuts.

5. Place tripe, pickled vegetable, gingko nuts, white peppercorns and 500 ml of chicken broth in a large container, seal, and double steam for 3 hours.

鹹檸檬燉鴨湯

DOUBLE BOILED DUCK BROTH
WITH SALTED LEMONS

五十年代中期，外婆在香港與我們同住，潮州老家的鄉里親戚經常往來，每次都會為外婆捎來一些潮汕土產。當時交通很不方便，路途遙遠，帶來的都是些醃漬的食物，其中一定有老鄉們自製的南薑末橄欖散（南薑鹹欖）、潮州菜脯、老香橼和鹹檸檬。這些手信都不是值錢的東西，但在那些物資缺乏的艱苦歲月，帶來的是一份濃濃的鄉情。鄉親們圍坐外婆身邊，全程家鄉話對白，外婆在家招待他們吃一頓好飯，然後老鄉們便理所當然地拿到外婆給的一封利是（紅包），還有些萬金油、跌打藥酒、餅乾、椰子糖，和一罐馬口鐵罐裝的花生油作為回禮手信，讓老鄉們高高興興地離開。

老香橼是由佛手瓜加鹽、糖、甘草等醃製而成，是潮陽、潮安的特產。潮州人相信老香橼有食療功效，時間越久遠，功效越好，當然價值就越高。外婆抽捲煙，平日又好飲四兩孖蒸米酒，所以經常口乾舌燥；外婆說老香橼能疏肝解鬱、理痰化氣、治虛火、解氣滯。家中有時會做老香橼炆排骨，而外婆喜歡切細老香橼來沖滾水焗茶喝。

另一個來自潮州家鄉的寶貝是鹹檸檬，鄉里們帶來的鹹檸檬，是否十年以上的陳年貨色，外婆看一眼、嗅一下，就一定能分辨出，誰也騙不了她，但她不會當着老鄉的面前品評。鹹檸檬蒸烏頭是我們家中幾十年來的至愛，另一道就是鹹檸檬燉鴨湯，湯水清甜而不膩，酸中帶甘香；據說還能降火去脂，是一道美味滋潤的燉湯。

◆ **材料**

鴨半隻（約 1000 克）

瘦豬肉 150 克

薑片 15 克

鹹檸檬 2 個

鮮檸檬（榨汁）1 個

沸水約 800 毫升

準備時間：15 分鐘／烹調時間：3 小時

◆ **做法**

1. 鴨子切去尾部，剝去皮和脂肪不要，大沸水氽燙 2 分鐘，撈出，再用清水沖過。

2. 瘦豬肉洗淨，切成 4 塊。

3. 把鴨斬成八塊，放在大燉盅內，再放入瘦豬肉和薑片。

4. 鹹檸檬沖洗後一個切開兩邊，挖去瓤和核不要，放入燉盅內。

5. 在燉盅內注入沸水，封蓋，燉 3 小時。

6. 燉好後，撇去湯面的浮油，加入鮮榨檸檬汁，即可上桌。

◇◇◇ **烹調心得** ◇◇◇

• 應選購比較瘦的米鴨、麻鴨，而且一定要起皮，以及切去脂肪和整個尾部。

• 鹹檸檬要挖走瓤和核，否則會有苦味。

• 兩個鹹檸檬的鹹度可能已足夠，上桌前要再試味。

DOUBLE BOILED DUCK BROTH WITH SALTED LEMONS

Preparation time: 15 minutes / Cooking time: 3 hours

◆ Ingredients

1/2 duck about 1000 g
150 g lean pork
15 g ginger slices
2 salted lemons
1 fresh lemon (juice)
800 ml boiling water

◆ Method

1. Remove skin, tail and excess fat from the duck. Blanch duck for 2 minutes and rinse with fresh water.
2. Cut pork into 4 pieces.
3. Cut duck into 8 pieces and place into a large ceramic stew container, add pork and ginger.
4. Rinse salted lemons and cut each into two halves. Remove pith and seeds, and put lemons into the stew container.
5. Add boiling water, seal tightly, and double boil or steam for 3 hours.
6. Skim to remove oil from the surface of the broth, add fresh lemon juice and serve.

上湯蕹菜砵

WATER CONVOLVULUS SOUP

準備時間：5分鐘
烹調時間：10分鐘

蕹菜又名通菜，在泰國叫空心菜。潮州人對飲食烹調，講求不時不食，有一句俗語來形容蕹菜：五月荔枝樹尾紅，六月蕹菜荐個空。意思是農曆六月蕹菜已過造，不好吃了。另有一潮州話的俗語：九月蕹菜蕊，食贏鮮雞腿。加起來意思就是農曆六月至八月之間的蕹菜不好吃，九月則最當造。用雞腿來比喻之蕹菜美味，可見潮州人有多喜歡吃蕹菜。

上湯蕹菜砕，是一道我小時候家裏常吃的潮州湯菜，材料和做法都非常簡單，家中人人都很愛吃。碎蕹菜加上煎香的蒜頭，卻產生了帶清草香的美味，可能就是因為實在太簡單了，長大後從來未曾在其他地方吃過，自己也幾乎忘記了這道潮菜，當我們決定寫潮菜時，卻首先就想起了這道上湯蕹菜砕，卻原來距上次吃這個菜，已差不多有半個世紀了。

在潮州長大的表姨説，這是很地道的潮州農家菜，她小時候農村塘邊的水蕹菜都是野生的，不用花錢買；把野菜切碎用水煮熟來餵鵝，是家家戶戶的日常工作。潮州人很節儉，人與鵝，經常同吃一道菜，分別就是：人吃的是嫩菜，鵝吃的是粗莖老葉；窮困人家用清水煮蕹菜，有錢人家就用雞湯或肉湯來煮。很多小孩子不愛吃蔬菜，其中一個原因是沒有耐性去咀嚼；這道上湯蕹菜砕，由於菜已是切碎，又帶有湯水，我小時候就最愛把這些湯和菜加入飯中自製湯飯，三扒兩撥吃下去，完成任務，向大人打個招呼又可以開溜了。

市場上的蕹菜有三種：水通菜、旱通菜和柳葉通菜。旱通菜比較幼細，顏色較綠，口感較韌。水通菜較粗，顏色淺綠，脆口。柳葉通菜葉子細長，宜做炒菜。這道菜宜用水通菜，不要買錯了。

◆ 材料

水蕹菜 600 克

清雞湯 675 毫升

蒜頭 3 瓣

鹽 1 茶匙

◆ 做法

1. 水蕹菜洗淨瀝乾，全部切成約 1.5 厘米長度。

2. 蒜頭去衣，每瓣切開兩邊，備用。

3. 中火燒熱 1 湯匙油，把蒜頭炸至微黃。

4. 倒下清雞湯，加鹽，大火煮至湯沸。

5. 放入水蕹菜，打開蓋，沸煮 5 至 6 分鐘，連湯盛出，即成。

◇◇◇◇　烹調心得　◇◇◇◇

- 為了保持水蕹菜的顏色翠綠，不要煮得太久，大火沸煮 5 至 6 分鐘就可以了。

WATER CONVOLVULUS SOUP

◆ **Ingredients**

600 g water convolvulus

675 ml clear chicken broth

3 cloves garlic

1 tsp salt

Preparation time: 5 minutes
Cooking time: 10 minutes

◆ **Method**

1. Rinse water convolvulus, drain and cut into 1.5 cm sections.

2. Peel and cut in half the garlic cloves.

3. Lightly brown garlic in 1 tbsp of oil over medium heat.

4. Add chicken broth and salt, bring to a boil.

5. Put in water convolvulus, and boil uncovered for 5 to 6 minutes. Serve together with soup.

外婆的繡花拖鞋

我童年時與外婆一起住了好幾年，外婆那時大約五十多歲，高佻瘦削的身裁，尖尖的瓜子臉，白皙的皮膚；想起來，外婆真的是個大美人。外婆是永遠的打扮得體，一大清早起來，洗臉後先把頭髮梳得油亮，她說潮州婦女是「夜昏暗睡早走起，頭毛梳光勿人嫌」，可見梳頭之重要。外婆常以此教訓我們三姐妹，說無論貧富，女人都必需打扮整齊，一是為自己好看，更重要的是別人會以外貌來品評您的修養及作風，打扮也是給別人的尊重和體面。記憶中，外婆在家裏常常穿一身暗色香雲紗（黑膠綢）唐裝衫褲，右衿夾一條米色的汕頭抽紗手帕，全身唯一是彩色的，就是腳上穿一雙繡花軟底拖鞋。她常常安靜地凝望窗外，彷彿心事重重，優雅中帶着幾分的幽怨，揮之不去的鄉愁，只能無奈地埋藏在心中。

說起外婆的繡花拖鞋，那可是原裝正版的潮繡；潮汕地區的傳統工藝歷史悠久，其中以繡花、抽紗、瓷器、木雕等最具盛名。潮繡，是中國四大名繡之一「粵繡」的主要流派，始於唐代，明清時期最鼎盛，是心靈手巧的潮汕女子必備的技藝。潮繡獨特之處，是先用棉絮墊在花式上，然後以金銀線刺繡，使花鳥人物具立體感，栩栩如生，既是刺繡，更似織錦。

記得在外婆的繡花拖鞋上，繡着一朵鵝黃色的大菊花，以金銀線夾鑲，像凸起來的浮雕，這正是典型的潮繡傳統工藝。我們三姐妹對外婆的繡花拖鞋是又愛又恨，愛的是希望自己也有一雙如此漂亮的小拖鞋，恨的是每當我們搗蛋闖禍時，外婆的拖鞋會即時變成行刑工具，可真是手到拿來，只要外婆撬起單腳除拖鞋，大姐二姐立刻四散而逃，留下我這個笨小三，委屈地瞅着外婆舉起的拖鞋，其實誰都知道外婆從不會打我，每次都由我扮可憐，從不失手！

護國菜

A PATRIOTIC SOUP

中國各省的地方菜,都會有些菜式蘊含着歷史故事,而這些故事,又多數與名人、名將,甚至皇帝有關係,正如「陳家廚坊」系列的《在家做江浙菜》中,介紹的東坡肉、文思豆腐、宋嫂魚羹等,都是膾炙人口的傳統菜式。名人或皇帝的故事,的確能成就某些地方菜的成功,不過,近年有一個真實的笑話,雲南某市自稱古時是夜郎國,政府每年大搞夜郎國旅遊節,「夜郎」果然既「自大」又可笑。

潮州菜中的護國菜,卻是一個悲傷的故事,話說南宋景炎元年,小皇帝宋帝昺被元兵追殺,流落潮州,投廟歇宿,饑腸轆轆,寺廟中的和尚用野菜煮羹給皇帝吃,皇帝大讚好吃,認為和尚救駕有功,賜此道菜為「護國菜」。據歷史記載,宋帝昺是真的曾逃難到潮州,可惜之後不久,厓山之戰大敗,南宋正式覆滅,宋帝昺最後在九龍跳海自盡,留給香港人一個「宋皇臺」的遺蹟。

現在的護國菜都是番薯葉做,其實番薯應該是明朝時才由呂宋引入,宋帝昺吃護國菜的時候,我國還未有番薯,和尚用的野菜,我估計可能是今天的莧菜,或者是通菜。清水煮野菜,味道太寡,今天的護國菜,一般都會用火腿熬雞的上湯,是潮菜中素菜葷做的典型例子。

番薯葉

◆ 材料

番薯葉 1000 克
草菇 10 克
雞湯 675 毫升
鹽 1 茶匙
芝麻油 1 茶匙
馬蹄粉 1 湯匙

材料選購：在我國南方，番薯葉已是常見的蔬菜，也可以選用用莧菜或菠菜。

準備時間：5 分鐘 ／ 烹調時間：10 分鐘

◆ 做法

1. 將番薯葉擇去梗莖，只要嫩菜，洗淨備用。

2. 將草菇洗淨，每個草菇切成一半，備用。

3. 大火煮一鍋沸水，放入番薯葉焯約至熟，撈起用清水沖過，瀝乾水份。

4. 鍋中加 1 湯匙油，中火燒熱，放入番薯葉略為兜炒，和雞湯一同放進攪拌機攪拌成番薯葉湯，再倒回鍋裏。

5. 在鍋煲中加入草菇，大火煮約 5 分鐘 , 加入麻油及鹽調味。

6. 馬蹄粉混少許水成芡，加入湯中攪勻煮沸即成。

◇◇◇ 烹調心得 ◇◇◇

• 1 公斤的番薯葉，擇去梗莖後，只剩下 650 克左右，再打成茸份量剛好。

• 番薯葉可用攪拌機打成茸，也可以用刀剁成茸。

• 用馬蹄粉埋芡，味道清香，口感柔滑，煮羮時用來加稠湯水最適合。

A PATRIOTIC SOUP

◆ **Ingredients**

1000 g sweet potatoes leaves

10 g fresh straw mushrooms

675 ml chicken broth

1 tsp salt

1 tsp sesame oil

1 tbsp water chestnut starch

Preparation time: 5 minutes
Cooking time: 10 minutes

◆ **Method**

1. Rinse and select only tender sweet potato leaves.

2. Rinse and half each fresh straw mushroom.

3. Blanch sweet potato leaves. Take out and rinse with fresh water.

4. Stir fry sweet potato leaves in 1 tbsp of oil over medium heat in a pot, then put into a blender together with the chicken broth and blend into a sweet potato leaves soup.

5. Add straw mushrooms to the soup, boil over high heat for 5 minutes, and season with salt and sesame oil.

6. Thicken soup by using water chestnut starch mixed with a small quantity of water.

雙城記

潮州太平路牌坊

　　幾年前為籌備本書第一版，我們去潮汕一行，坐大巴士先到汕頭，再到潮州。兩個城市給人的印象截然不同。

　　汕頭市既保留了西堤區的古老舊城和澄海老區，更開拓了土地廣闊的新住宅區、商業區、工業區和先進的大型集裝箱碼頭，市區裏到處是新建的高樓大廈，四五星級酒店，碩大的商場，以及正在興建中的大小項目，一片興旺景象。可是汕頭的西堤區，殘破的舊貨倉仍然不少，大部份都是重門深鎖，字號已無法辨認，區內還有很多四層高的歐式古老洋樓，外牆和柱上仍有不少未曾剝落的西式花樣，依稀還可以感受到當年西堤的繁華景象。一個個上鎖的大鐵門，背後的是多少個家族被遺忘的故事，只留後人默默駐足憑弔。

潮州古城牆

潮州西湖

　　潮州的發展比較滯後，所見到大部份的街道和樓房，仍保留在七、八十年代的樣子，偶然見到比較高的建築物，也就是酒店賓館。我們住在潮州湘橋區的酒店，步行七、八分鐘就到潮州西湖，再往前行，穿過一些雜亂舊街，到達古老潮州府城大街太平路，去英聚巷看外婆家的老房子。歷史悠久的太平街，是著名的古牌坊街，卻是出奇地冷冷清清。我們走累了，就在太平路邊的小食店吃潮州牛丸粉和厚勝蠔烙。一位潮州街坊老伯伯見我們是外來客，坐過來與我們聊天，我們對太平路的遊人竟如此稀少感到十分不解；潮州伯伯搖頭大嘆，說這都是因為由上到下，由官員到平民百姓的潮州人，頭腦都非常保守，不喜歡接受外來的新事物，至令今天的潮州，發展大大落後於汕頭市。其實，潮州人自古都是思想保守，在清朝後期的天津條約中，對外開放的口岸，本來包括有潮州，可是當時的潮州人對開放非常抗拒；外商有見及此，便都去了港口汕頭營商，從此，便造就了汕頭的崛起，並遠遠超越了潮州。

　　清朝初期，清康熙政府為了抵擋鄭成功從台灣進攻，在潮州沿海實行海禁政策，沿海居民遷入內地五十里，世代靠海謀生的潮汕人頓失生計；於是，人們迫於無奈，冒險流徙海外，到呂宋及暹羅謀生。後來清政府收復台灣之後，下令解除海禁，當時汕頭澄海縣的樟林港，便逐漸成為福建、廣東、江西的主要出海港口，商貿興旺，一時無兩。同時，更多平民百姓從汕頭出發，乘坐紅頭木船到南洋謀生，他們主要是到當時相對富饒的暹羅（泰國）去，依靠那些早年已經在彼岸居留下來的鄉親，落地生根，世代繁衍，成為今天人口眾多的泰國潮籍華僑；而這些華僑經過幾代人的努力，到現在不少人已是一方富商，他們之中多數是勇於創業的汕頭人。

西堤炒魚麵

STIR FRIED FISH NOODLES

潮汕地區地處河海交接之地，自唐宋起就商貿頻繁，清朝順治年間雖然曾遭受海禁的打擊，但到了清康熙年間取消海禁對外開放，位處海邊的汕頭很快便成了中國南方的重要港口。潮人善於營商，生意又做得大，四海縱橫的潮商被稱為「東方猶太人」。潮汕人做生意有幾個特色，一是勤奮節儉，吃苦耐勞；二是頭腦靈活，精打細算；三是誠實守信，知恩圖報；四是潮州人很團結，凝聚力強，鄉里間互相溝通，互相扶持。

外婆家姓葉，祖上由福建移居潮州，葉家自明代起就經營鹽業，就是我們今天所稱的鹽商。當時的潮州鹽商，生意包括經營被稱為「煮海」的曬鹽工場，潮州人叫做「鹽灶」，當然還設有自家的倉庫，及運鹽的木貨船。葉家祖屋在潮州府城，但生意主要在汕頭港口。我最近去潮州汕頭前，臨行前老母親再三叮囑，叫我去潮州府城英聚巷看看外婆家的故居，也一定要去汕頭的西堤，看看那裏以前葉家的舊貨倉，地址就不記得了。

西堤區內還有很多四層高的歐式古老洋樓，殘破的舊貨倉仍然不少，見到兩旁有很多吃小菜的大排檔，都叫做「某某魚仔攤」（見圖），但離開了西堤，又不見有大排檔叫做魚仔攤了。我們隨意走到其中一家在舊宅「騎樓底」的魚仔攤吃小菜，店小二介紹我們吃西堤的炒魚麵，做法其實很簡單，嘗的是西堤街邊魚仔攤的風味。

汕頭西提魚仔攤

準備時間：5 分鐘 ／ 烹調時間：5 分鐘

◆ 材料

潮州魚麵 400 克

銀芽 200 克

番茄 1 個

韭菜 150 克

魚露 1 湯匙

◆ 做法

1. 番茄洗淨去蒂，切成八瓣，備用。

2. 韭菜洗淨切成 5 厘米段，備用。

3. 煮沸一鍋水，放下魚麵，沸煮 1 分鐘，撈出，瀝乾水份。

4. 大火燒熱 2 湯匙油，放下番茄煮炒約 2 分鐘至軟身，加入魚麵及魚露炒勻。

5. 加入韭菜及銀芽，同炒約 1 分鐘，即成。

材料選購： 潮州魚麵可在賣潮州魚蛋的店舖買到，有些超市也有出售。

◇◇◇◇ 烹調心得 ◇◇◇◇

• 潮州魚麵本身已是熟的麵，帶有鹹味，不用放鹽，1 茶匙魚露已足夠，只需加熱炒勻，不必炒太長時間。

• 韭菜和銀芽稍為炒勻即起，否則會變韌。

• 這個菜應該帶少許汁，魚麵的口感才會爽中帶滑，所以不必埋芡。

STIR FRIED FISH NOODLES

> Preparation time: 5 minutes / Cooking time: 5 minutes

◆ Ingredients

400 g Chaozhou fish noodles

200 g bean sprouts

1 pc tomato

150 g chives

1 tbsp fish sauce

◆ Method:

1. Rinse and cut tomato into 8 sections.

2. Rinse and cut chives into 5 cm sections.

3. Blanch fish noodles for 1 minute, drain.

4. Stir fry tomato in 2 tbsp of oil over high heat, add fish noodles and fish sauce, and toss thoroughly.

5. Add chives and bean sprouts, toss well.

潮糖

潮汕的甘蔗林

　　潮汕人愛吃甜食，是國人之最，這與潮汕地區盛產蔗糖不無關係。我國古代已有糖，當時叫餳，是用糯米或其他植物製造的，當時製造的餳，顏色淡黃，產量很少。在先秦時期，南方已有甘蔗種植，戰國時期，甘蔗便已經傳到湖北，在《楚辭》中便有「有柘漿些」，柘漿即甘蔗汁。西漢學者劉歆撰寫的《西京雜記》中，就提到「閩越王獻高帝石蜜五斛」，石蜜就是砂糖，應該是從甘蔗提煉出來的產品。在漢代後期，逐步以甘蔗代替糯米製糖，以供食用。到了唐代，從印度傳來較先進的製造蔗糖方法，糖的品質和產量才有所改善，但是顏色還是偏黃的。到了明代，製糖業又有進一步的發展。明代宋應星撰寫的《天工開物》全面地記載了中國在十六、十七世紀時期的農業、工業和手工業的生產工藝，其中第六卷《甘嗜》提到廣東福建大量種植甘蔗，並詳細提到白砂糖的製造方法，特別是用黃泥水淋脫色的辦法，使白砂糖的顏色更白。從此，福建閩南和鄰近的潮汕地區，便成了我國種植蔗糖和生產白糖的中心；而到了清代雍正之後，潮汕商貿發達，經濟崛起，潮汕地區的蔗糖種植及加工業，逐步取代了福建，在我國開展了長達百年的領導地位。

自明朝起，潮汕地區有三種貨品最為著名，為首就是被稱為「潮白」的潮州白糖，其次是做染料用的「潮藍」，第三是「潮煙」即水煙的皮絲煙。如果您去潮州旅行，就會見到街上和景點有不少蜜餞的專賣店，潮州蜜餞被認為是當地必買手信之一。潮州還有一類甜食，叫做「茶配」，就是喝工夫茶時吃的小點心，例如仙城束沙、龍湖酥餅、瓜冊、杏仁酥、芝麻酥、橘餅、綠豆糕、柿餅、潮式月餅等等。

潮汕人愛吃甜食，糖和甜食在潮汕人的心中，是生活的一部份。傳統的潮菜筵席中都設有兩道甜菜在開頭和結尾，分別是較為清甜的「頭甜」及甜得較為濃重的「押尾甜」，喻意一直甜到尾，開心又吉利。不過，現在一般潮菜筵席受西方食製的影響，只設「押尾甜」，也是體現了現代人比較注重健康，糖分吃少了。潮汕常見的甜食有薑薯糖水、福果芋泥、炸油粿、返砂芋頭、糕燒白果、清心丸綠豆爽、百合糖水等等。

鴨頸糖

焗皮綠豆沙餅

潮州花生糖

雲片糕

黑芝麻花生軟糖

芝麻葱餅

甜水瓜烙

SWEET SPONGE LUFFA PANCAKE

廣東人的水瓜（見圖），潮汕人叫做秋瓜；我外婆家做的是甜味水瓜烙，口感柔潤，甜滋滋中帶點香脆，很傳統的潮汕風味。潮州食肆做水瓜烙，一般是做鹹味的，至於甜水瓜烙這道菜，據說是源自汕頭市的澄海，很有家鄉特色。

水瓜

◆ 材料

水瓜 400 克	花生米 50 克
潮州菜脯 50 克	白芝麻 10 克
糖 4 湯匙	水 125 毫升
番薯粉 50 克	油 3 湯匙

準備時間：20 分鐘
烹調時間：15 分鐘

◆ 做法

1. 將水瓜刨皮，洗淨瀝水，切成約 5 厘米長條狀。

2. 潮州菜脯用清水略浸，沖淨瀝乾剁成碎。

3. 花生米用乾白鑊焙熱去衣，壓成碎，加入 1 湯匙糖拌勻，備用。

4. 白芝麻用乾白鑊炒熟，冷卻備用。

5. 用大碗裝水瓜條和菜脯碎，加入 3 湯匙白糖拌勻，放置約 15 分鐘，使水瓜溢出水份來，然後加入番薯粉和水，拌勻成為烙漿。

6. 用平底易潔鑊中火燒熱 2 湯匙油，把烙漿再次攪勻後，倒入鑊中，用鑊鏟把烙漿抹平均。

7. 煎至烙的一面熟時，翻過來煎另一面，再在鑊邊加入 1 湯匙油，煎至熟取出。

8. 把花生糖碎白芝麻撒在烙上，即成。

◇◇◇ **烹調心得** ◇◇◇

• 做花生碎有一個更簡單的方法，就是去零食店買現成的花生條，用硬物碾壓槌碎便可。

• 潮州菜中的煎烙，一定要多放油，要煎烙煎得香脆，油要分幾次下。

SWEET SPONGE LUFFA PANCAKE

Preparation time: 20 minutes / Cooking time: 15 minutes

◆ Ingredients

400 g sponge luffa

50 g Chaozhou preserved turnips

4 tbsp sugar

50 g sweet potato starch

50 g shelled peanuts

10 g white sesame

125 ml water

3 tbsp oil

◆ Method

1. Peel, rinse and cut sponge luffa into 5 cm long stripes.
2. Briefly soak preserved turnips, rinse and then chop into small pieces.
3. Roast peanuts in a dry pan, remove bran, crush and mix with 1 tbsp of sugar.
4. Roast sesame in a dry pan.
5. Mix luffa and chopped preserved turnip with 3 tbsp of sugar in a large bowl and set aside for 15 minutes to allow the luffa to give up its juice. Stir in sweet potato starch and water, and mix thoroughly to make luffa batter.
6. Heat 2 tbsp of oil over medium heat in a flat non-stick pan, stir luffa batter well before putting it into the pan, and smooth out the surface with a spatula.
7. When one side of the luffa pancake is done, flip over, add another tablespoon of oil along the side of the pan and cook until it is done. Put luffa pancake on a plate.
8. Sprinkle crushed peanuts and sesame on the surface of the pancake.

糕燒雜錦

SUGARED TIDBITS -
A CHAOZHOU DESSERT

有些食肆把「糕燒」這道美味的潮汕甜點，寫作「膏燒」甚至「高燒」。我為此去到潮州問當地人，答案是「糕燒」，喻意把材料用糖煮到像蒸的糕那樣軟潤酥鬆。做這道甜品的要訣，是每一種材料炸的時間都不一樣，番薯和芋頭比南瓜硬，炸的時間要長一些，所以要分開炸，以便掌握好火候，不要炸得過火。

準備時間：15 分鐘 ／ 烹調時間：45 分鐘

◆ 材料

芋頭 200 克

番薯 200 克

南瓜 200 克

白果 140 克

馬蹄 150 克

白糖 300 克

◆ 做法

1. 先將南瓜、番薯和芋頭刨去皮，洗淨，切成約 3 厘米立方塊。

2. 馬蹄去皮，浸在清水中。

3. 把白果肉裏的芯挑出。

4. 把 500 毫升油燒至中溫，把番薯、芋頭、南瓜分別炸熟後撈起，撒上 50 克白糖醃 30 分鐘。

5. 在鍋裏放 500 毫升水，加 250 克白糖和白果肉，煮沸後轉中小火，期間加以攪動以防黏鍋。熬到白果半透明，而鍋中只剩約 125 毫升糖水。

6. 把炸好的原料一起倒進鍋裏，用慢火煮至糖水再變稠，把馬蹄肉加入拌勻，取出即成。

◇◇◇ 烹調心得 ◇◇◇

- 如果白果肉的尖端有黑點，即表示有苦芯，要切開小口，用刀把芯挑出。沒有黑點的白果就不用挑芯。

- 馬蹄可以生吃，所以不用炸。

- 糕燒雜錦的甜度要根據個人的口味調校。

SUGARED TIDBITS - A CHAOZHOU DESSERT

Preparation time: 15 minutes / Cooking time: 45 minutes

◆ Ingredients:

200 g taro

200 g sweet potatoes

200 g pumpkin

140 g shelled gingko nuts

150 g water chestnuts

300 g sugar

◆ Method:

1. Peel pumpkin, sweet potatoes and taro, rinse and cut into 3 cm cubes.

2. Peel water chestnuts and immerse in cold water.

3. Remove the bitter core inside the gingko nuts.

4. Heat 500 ml of oil to medium temperature, separately deep fry sweet potatoes, taro and pumpkin, then mix and marinate all with 50 g of sugar for 30 minutes.

5. Boil 500 ml of water in a pot, add gingko nuts and 250 g of sugar, re-boil, reduce to low heat and simmer until only about 125 ml of water is left. Stir frequently.

6. Put all deep fried ingredients into the pot and simmer until the sugary liquid turns to thick syrup. Finally stir in the water chestnuts.

返砂芋頭

SUGARED TARO

◇◇◇　烹調心得　◇◇◇

- 要挑選粉糯的荔浦芋頭，而且只用中間較粉的部份，效果會更好，細芋芳（芋頭仔）則不適宜做這道菜。同樣方法，也可以做返砂番薯和返砂淮山。

潮州人飯後愛吃甜食，餐間小食也會吃甜食，而且對薯類有特別偏好。傳統的潮汕宴席中有一道甜品「返砂薑薯」或「甜薑薯湯（糖水）」。薑薯是一種薯蕷科植物，與淮山十分相似，主要生長在廣東潮汕地區和福建的南部。把薑薯廣泛入饌，唯見於潮汕地區，是潮汕民俗中的婚嫁喜慶、祭祖拜神，以及在過冬節時，必備的食品。

離開了潮汕，薑薯不易有，香港和東南亞的潮州菜館幾十年來都以芋頭代替薑薯。「返砂芋頭」也有寫作「反砂芋頭」，是一道潮州菜中很有特色的甜品，與「福果芋泥」同樣著名，這兩道甜品都是香港潮州菜館中食客們的寵兒。

返砂芋頭，做法是把砂糖煮溶成濃濃的糖水，放入炸過的芋頭，炒到糖水變成糖砂，附在芋頭上。所謂返砂，即中菜烹調法中的掛霜，例如小食中的掛霜杏仁、掛霜核桃肉等，外表都有一層雪白的糖霜，這種糖霜形成的原理，就是蔗糖（砂糖）變成溶液後的再結晶。掛霜做得好不好，主要取決於溫度和濃度，加熱至攝氏 100 度，就是砂糖的溶解度，而溫度越低，溶解度就越低，結晶粒不均勻，掛的霜就會不好看甚至脫落。但火力過猛，也會導致結晶粒聚合，焦糖化而變色，在食材上形成糖膠，掛霜就失敗了。所以，請注意以下的做法，關鍵在於最後放入芋頭翻炒時要熄火或離火。

「返砂芋頭」看似複雜，其實並不難做，只要多試幾次，溫度和濃度配合得好就成了。由於過程中要不斷地翻炒，所以一定要用中式圓鑊來做，平底鑊不適宜。而且必須趁熱吃，否則放涼後砂糖的結晶就會變硬。外婆家在做返砂芋頭時，加入細葱碎和乾葱碎，是潮汕人烹調的一大高招，上桌時葱和芋頭的香味同時爆發，但卻看不見葱粒，這正正是精妙所在。

薑薯

準備時間：15 分鐘 ／ 烹調時間：10 分鐘

◆ 材料

芋頭 600 克
白糖 150 克
葱末 1 湯匙
乾葱蓉 1 湯匙

◆ 做法

1. 原個芋頭削皮，切去頭尾部份，只用芋心，切成約 8 條 1.5 x 1.5 x 5 厘米長條。

2. 燒熱炸油至中溫，把芋頭炸至微黃，取出備用。

3. 在乾淨鑊內放入 30 毫升（2 湯匙）水，加糖，用慢火燒至糖溶化成糖漿，再燒至起泡，加入葱末和乾葱蓉兜勻，隨即熄火或離火。

4. 把芋頭倒入糖漿中，不斷翻炒至芋頭沾滿了糖霜，取出即成。

Preparation time: 15 minutes / Cooking time: 10 minutes

◆ Ingredients

600 g taro

150 g white sugar

1 tbsp chopped scallion

1 tbsp chopped shallot

◆ Method

1. Peel taro, use only the heart, and cut into 1.5 x 1.5 x 5 cm sticks.

2. Heat oil to medium heat and deep fry taro sticks to a light yellow.

3. Dissolve sugar in 30 ml (2 tbsp) of water in a clean wok over low heat and continue to cook until syrup becomes foamy. Stir in chopped scallion and shallot, and turn off the heat.

4. Put in taro sticks immediately and toss repeatedly until all the sticks are covered with crystallized sugar. Transfer to plate.

福果芋泥

SUGARED TARO PASTE WITH GINGKO NUTS

潮州人有中秋節拜月賞月的習俗，拜月的食品中必有芋頭；據說是元朝時，潮州人痛恨元人，大家過節圍在一起剁芋頭，喻意「食胡頭」，芋頭剁多了總得處理，後來就發展成很多用芋頭做的食品。

潮菜中的芋泥，從來不容易做，所以很少人在家裏做芋泥；因為芋泥就是澱粉和糖的配合，很容易炒焦。炒芋泥的時候，要不停手地翻炒，炒得稍慢就會黏鑊底，一直炒到芋泥軟滑為止，這是一個需要高勞動力的菜式。幸好現在有了易潔鑊，炒芋泥就輕鬆多了。

潮州人不喜歡白果的「白」字，認為不吉利，他們叫白果做福果，可以買新鮮的，回家煮過後開殼去衣，也可以買真空包裝的白果肉。芋頭要買廣西荔浦芋，買的時候要挑輕手的，手感重的芋頭會含較高的水份，俗稱「生水」，不夠粉糯。

真空包裝的白果肉

◇◇◇ 烹調心得 ◇◇◇

- 芋頭削皮後，把兩端切除，只能用中間較粉的部份，不要怕浪費。芋頭兩端水份較高，不容易壓成泥，炒出來的效果會不夠軟滑。600 克的芋頭削皮和切掉兩端後大概只剩下 400 克左右。
- 芋頭蒸熟後要趁熱壓扁，涼卻後芋頭會變得比較硬，難壓成泥狀。
- 芋泥要做到香、軟、滑，吃不到任何粒狀的才算成功。在炒芋泥的時候，邊炒邊把一些沒壓碎的芋粒頭挑出。
- 白果可以買新鮮的，回家煮過後開殼去衣，也可以買真空包裝的白果肉。
- 白果的芯有苦味，白果肉頭有黑點即還沒有去芯，要先挑掉白果芯。

準備時間：1 小時 15 分鐘 ／ 烹調時間：30 分鐘

◆ 福果材料

白果肉 140 克
糖 3 湯匙
水 250 毫升

材料選購：白果可以買新鮮的，回家煮過後開殼去衣，也可以買真空包裝的白果肉。

◆ 芋泥材料

芋頭 600 克
油或豬油 160 毫升
糖 120 克
水 375 毫升

◆ 做法

1. 在一個小鍋裏放 250 毫升水及 3 湯匙糖，用大火煮沸攪溶。

2. 把白果肉開邊，挑出白果芯不要，把白果放進糖水裏，轉小火煮至糖水起膠沾滿白果後熄火，讓白果浸在糖水中。

3. 芋頭削皮，切片，大火蒸 1 小時，在熱的時候用叉將芋頭壓成芋頭泥。

4. 用中火燒熱易潔鑊，下 80 毫升油，把芋頭泥和糖放進鑊裏，把材料混合。

5. 徐徐把水加入鑊裏，邊加水邊搓，再放進 60 毫升油，加入餘下的水，同時把芋頭泥裏的粒狀芋頭繼續不斷搓壓。

6. 到芋泥炒到不見芋頭粒，加入餘下的油，再炒到芋泥、糖、水和油完全混合。

7. 把一半的白果肉放進芋泥中一起拌勻，鏟出放大碗中。

8. 餘下的白果肉鋪在芋泥上即成。

SUGARED TARO PASTE WITH GINGKO NUTS

Preparation time: 1 hour 15 minutes / Cooking time: 30 minutes

◆ **Gingko Ingredients**

140 g shelled gingko

3 tbsp sugar

250 ml water

◆ **Taro Ingredients**

600 g taro

160 ml oil or lard

120 g sugar

375 ml water

◆ **Method**

1. Boil 250 ml cup of water and 3 tbsp of sugar in a small pot.

2. Half the gingko nuts, pick and discard the core, put gingko nuts into the pot, reduce to low heat and cook until the sugar becomes syrupy. Turn off heat and leave the gingko nuts immersed in syrup.

3. Peel taro and cut into slices. Put taro in a large plate, spread out and steam over high heat for 1 hour. Use a fork and mash taro into paste while still hot.

4. Heat 80 ml of oil in a non-stick pan over medium heat, add taro paste and sugar to mix well with oil.

5. Gradually add water and continue to stir and mash the taro paste, add 60 ml of oil and remaining water, and continue to stir and mash the taro paste.

6. When the taro paste is well mashed, put in remaining oil, and then stir until there is a complete blending of taro paste, water, sugar and oil.

7. Mix half of the gingko nuts into the taro paste, and dish out to a large bowl.

8. Place the remaining gingko nuts on top of the taro paste.

潮州糖醋煎麵

PAN FRIED CHAOZHOU NOODLES

準備時間：5 分鐘
烹調時間：15 分鐘

我國的飲食習慣中，各地的麵食佔了重要的地位。潮州麵線（見圖），與客家麵線、福建麵線同出一轍，做法基本上相同，有所不同的地方，是潮州麵線味道是帶鹹味的，所以也叫做鹹麵線，而客家麵線和福建麵線是淡味的。潮州鹹麵線，最具代表性的是普寧鹹麵線，用麵粉加鹽做成，曬乾後捆成一束束。由於帶有鹹味，炒或煮湯麵之前都要先汆水（飛水）瀝乾。

潮州的糖醋煎麵，口感香脆，味道鹹香，在本地和台灣等地區都很受歡迎，看起來平平無奇但吃下去就會愛上了它。潮州的糖醋煎麵雖然看似簡單，但在坊間有不同的做法，材料方面，有用傳統的潮州鹹麵線，也有用廣東的蛋麵。潮菜廚師會先用上湯煨入味再煎，但我們覺得潮州鹹麵線自帶鹹香，不煨上湯更會留住風味，而我們加雞蛋黃來煎，作用能增加香脆，以及加強金黃的顏色。

跟一般的兩面黃煎麵有所不同，潮州煎麵要求煎得更香脆而平整，煎的過程要帶壓，麵餅才會成形。我家有一個特別的煎麵法寶，就是在平底鑊中煎麵時，拿另外一個適合尺寸的圓鍋，洗乾淨鍋底（或包上保鮮紙），裝些水製造重量，壓在麵線上同煎，煎完一面，反轉麵餅再繼續煎。玉不琢不成器，「麵不壓不成餅」，這個方法是我家老陳的偉大發明，保證百發百中，煎出來的麵餅一定「靚仔」，賣相可媲美大酒樓的出品。

潮州麵線

◆ 材料

潮州麵線 500 克

雞蛋 2 個

韭黃 50 克

材料選購： 潮州麵線
在潮州食品雜貨店或
一些麵店有售，每紮
是 1000 克，半紮麵
剛好煎一碟麵。

◆ 做法

1. 煮大鍋沸水，把麵線放下，用筷子撥散隨即撈出，瀝乾水份。

2. 雞蛋打開，只用蛋黃，打勻後拌入麵線中。

3. 韭黃切成 1.5 厘米長段，用少許油炒熟，備用。

4. 用一隻平底易潔鑊，放 2 湯匙油中火燒熱，放入麵線和油拌勻後攤平。

5. 用另一隻圓鍋裝滿半鍋水，壓在麵線上，把麵線壓平。

6. 慢火繼續煎至麵線呈金黃色，小心反轉煎另一邊，把圓鍋再壓上。

7. 煎至另一面亦呈金黃色時，鏟出麵餅放在平碟中，放上韭黃。

8. 吃時淋上浙醋及白糖，即成。

◇◇◇ 烹調心得 ◇◇◇

• 潮州麵線本身鹹味較重，汆水的主要作用是洗去部份的鹹味。

• 煎 500 克的麵線，如果把蛋白也用上，麵線會過濕，比較難以煎脆。

PAN FRIED CHAOZHOU NOODLES

Preparation time: 5 minutes / Cooking time: 15 minutes

◆ **Ingredients**

500 g Chaozhou noodles

2 pc eggs

50 g yellow chives

◆ **Method**

1. Put noodles into a large pot of boiling water, disperse with chopsticks, take out and drain.

2. Use only egg yolks to mix with noodles thoroughly. Discard egg whites.

3. Cut yellow chives into 1.5 cm sections and pan fry with a small amount of oil.

4. Heat 2 tbsp of oil over medium heat in a flat non-stick pan, put in noodles and mix well with oil, and then spread evenly over the pan.

5. Place another pan filled with water on top to press down on the noodles.

6. Pan fry noodles over low heat until one side is golden brown, then flip over and cook the other side. Continue to weigh down the noodles with the other pan.

7. When both sides of the noodles are sufficiently golden browned, take out noodles with a spatula to put on a flat plate and top with yellow chives.

8. Serve together with Zhejiang vinegar and sugar.

潮汕的小食

潮汕飲食文化的其中一個特色，就是有很多各式的鹹甜小食。小食在北方稱為小吃，是一種來自民間的飲食文化，在中國凡是歷史悠久，文化深厚的地方，就會產生很多具有地方風味的特色小食，價錢大眾化，深受百姓喜愛，例如江浙地區的麵點、蘇式點心、北京的小吃、天津的包子、廣東的點心等等。潮州的小食，地位之重要與潮州菜相同，自古至今，潮菜筵席間，一定會上一些傳統的鹹甜小食，否則還算不上地道的潮州菜筵席。

潮州小食的形成來自民間，大部份的小食，歷史要比潮州菜還要早一些，其中主要的原因，是因為小食的材料和製作方法比菜餚簡單，所以易於在民間普及。唐宋期間，潮州地區的經濟文化開始興盛，百姓在吃得飽之餘，還要吃得巧，他們把日常吃的五穀雜糧，互相配搭，製成各種口味的小食，經過長時間的改良和發展，形成了各式各樣的潮州民俗小食。潮州小食發展的另一個重要原因，就是潮州人非常重視年節和祭祀，傳統節日和習俗特別多，這些日子的各種形式都與吃有關，也就更促進了潮州小食的普及和發展。

到了明清時期，潮汕地區對外通商，商賈雲集，經濟繁榮，百姓生活比以前富庶，茶樓和食攤大量湧現，更進一步推動了潮州菜和潮州小食的發展，美味之餘，造型也趨向細緻精美。時至今日，無論何時何地，小食已經成為潮汕人甚至海外潮籍人生活上重要的一部份。

豬血湯

　　記得在客都梅州，幾乎所有人都吃一種早餐，就是三及第湯加醃麵，三及第湯就是肉片加豬肝和豬粉腸，用紅麴煮水滾成湯。醃麵就是乾撈麵，加些用豬油炒的乾葱頭和蒜蓉，這樣的早餐，客家人吃了上千年。隔着大山的那一邊，東海之隅，潮汕人的早餐，與客家人的早餐竟是如此驚人的相似。一日之晨，皆由豬開始，排檔中煮着一大鍋的豬血（豬紅），嫩滑而不腥。最廉價的新鮮豬血堂堂正正當上主角，加上嫩滑的肉片和滷豬腸，再灼一些時令蔬菜，熱氣騰騰的一大碗，給清晨的潮汕人無限的飽暖慰藉。

汕頭田記豬血湯

粿汁

　　如果您不是潮州人，又未去過潮州，您應該不知道甚麼是「粿汁」。但是，如果您去過新加坡或泰國的小食排檔，您就是未吃過都會見過「粿汁」。單看字面，會以為是一種用來蘸粿吃的醬汁，錯了！粿汁是一種非常大眾化的食物，經濟實惠，是潮州人常吃的早餐，也是下午茶，反正餓了就想吃。

　　粿汁是一套的食物，首先是一碗水煮的米漿片，做法是將米漿放在平鍋中焙乾，再切成菱形的小片，吃時用沸水煮軟，加鹽調味，再加糯米粉漿，煮成稠的糊，再澆上少許蒜頭熟油。跟這碗糊配搭的是一碟餸，有滷五花肉、滷豆腐乾、滷蛋、滷豬大腸、滷豬耳、炸花生等等，任君選擇，豐儉由人；吃時挾這些餸菜放入米糊中，還要淋上一點滷汁同食。粿汁也有更方便的吃法，就是把煮軟的粿放在碗底，上面放上滷腸及灼肉片等餸菜，淋上湯汁而成，好像一碗廣東的湯河粉。

潮州腸粉

　　在潮州汕頭的住宅小區，常常見到專賣潮州腸粉的小店，但這種腸粉與廣州和港澳地區常見的一條條的白腸粉（豬腸粉）不同，卻與客家的布拉腸粉有異曲同工之妙，都是配料很豐富。腸粉亦即豬腸粉，在清代已有小販售賣，不過此物與真正的「豬腸」絕對無關，只是傳統的布拉白腸粉形似一條條的豬腸，約定俗成叫做「豬腸粉」。

　　製作潮州腸粉的前半部，也是在網篩上鋪一塊白布，將米漿均勻地淋在布上，把米漿蒸熟，捲成條狀就是沒有配料的齋腸；但潮州人作為早餐吃的腸粉，在此時就放入蔬菜和調好了味的豬肉碎，捲成粗粗的卷狀後，淋上熟油，再灑上一些切碎的菜脯（蘿蔔乾），吃時也可以自行淋上一點醬油，風味非常獨特，早餐吃一份香滑美味的潮州腸粉，價格平宜又飽肚。

店舖中的卷煎

卷煎

　　卷煎是傳統的潮州小吃之一，可以是潮菜筵席間的一道菜式，也是一種古老的街頭小食。卷煎就是用腐皮包裹各式各樣的餡料，捲成條狀蒸熟而成。卷煎的餡料一定有糯米，然後按不同的口味，包入芋頭、豬肉、蝦米、冬菇、蓮子、栗子、花生等配料，蒸熟之後自然放涼，方便保存，到吃時再用油煎熱後，切成段來吃。

潮州粿

　　「粿」字最早見於東海的《說文解字》，及後見於康熙字典，意思是米製小吃食品。千百年來，潮汕人都以務農及捕魚為生，他們靠天和靠大海討生活，所以民間的習俗，都非常重視逢年過節的祭神拜祖，家家戶戶都以五穀雜糧來做潮州傳統小食，「粿」是拜祭時的必備祭品。潮州的粿，多以木粿模壓成龜背形和桃形，龜背形喻意健康長壽，桃型則喻意消災解難和祝願五穀豐登，具有濃濃的農村鄉土風味。承傳着這樣的習俗，在民間經過多年的演變，成為了今天多種多樣的潮州粿，成為標誌性的潮州小吃。

芋頭粿

炸粿

韭菜粿

潮州拜神粿

1. 酒殼粿、2. 番薯粿、
3. 鼠曲粿、4. 綠豆紅桃粿、
5. 糯米紅桃粿

　　說到潮州的粿，品種不下百種，有甘筒粿（薯仔、土豆）、菜頭粿（蘿蔔糕）、潮州粉粿、無米粿、筍粿、韭菜粿、鹹水粿等等，其中有三種最具代表性又歷史悠久的粿，一種是鼠曲粿，另一種是紅桃粿，還有一種叫鱟粿。

　　鼠曲粿又叫做鼠曲龜，外表是黑綠色，有甜的豆沙餡、芋泥餡和蓮蓉餡，也有以冬菇、蝦米、肉碎做的鹹餡。粿皮用一種叫「鼠曲草」的野草舂出來的汁，加入糯米粉和薯粉做成粿皮，鼠曲草也就是中藥的「白頭翁」，有清草香味，其葉如老鼠耳，因而為名，有清熱解毒的功效。每年農曆十二月廿四日至翌年元宵，潮汕家家戶戶都會製作鼠曲粿，以應節氣。

　　紅桃粿就是最典形的桃形祭祠用粿，粳米磨粉做的皮，加入了玫瑰紅的食用色素，餡料有鹹味的糯米蝦米花仁粒（又稱為飯粿），或用甜味的綠豆茸，是最常見的潮州粿。

　　第三種要提到的是鱟粿，鱟粿的出處是潮陽縣城，那裏是著名的漁港，自古盛產鱟魚，鱟魚是一種甲殼類水產，沒有多少肉吃，但有很多卵，只可加工成醬才能吃。鱟粿的做法就是把薯粉加入鱟醬攪勻，放入粿模，再放上一隻海蝦，然後蒸熟而成，吃時還要淋上稀釋了的沙茶醬，無論造型、吃法或味道，潮州鱟粿都是非常獨特的，為我國小吃品種中極少見。

切開了的鱟粿

潮州牛肉丸

真正的潮汕手打牛丸

　　由中原遷移到南方的客家人，有一種歷史悠久的傳統食物，叫做「捶丸」，也有稱為「捶圓」，即由手工捶搗而成的肉丸，而客家捶丸一般是指豬肉丸。中國人以農為本，牛是生產工具，不可能輕易作為食材，而耕田退役的年老黃牛和水牛，肉質較韌，客家人就繼承了古代「搗珍」的做法，把肉去筋，然後反覆捶打成綿爛狀，再做成丸。客家「捶丸」百多年來發展了除豬肉丸以外的牛肉丸、牛筋丸、驢肉丸、鴨肉丸和各式魚丸。好吃又耐放的「捶丸」，不久就傳到了潮汕地區。潮汕的牛肉丸雖然是由客家移民傳入，但後來的發展，卻是大大地青出於藍，如今潮汕牛肉丸的名聲，早已蓋過了客家牛肉丸了

　　說起潮州的牛肉丸，就不得不說到潮州市的一家叫做胡榮泉的食肆，這家店的歷史已超過百年。話說民國初年，有一個叫做葉燕青的潮州人，交了一些客家人的朋友，他不但沒有看不起這些外來的客家人，還經常主動幫助他們，客家人很感謝葉燕青，便把客家「捶丸」的製法傳授給了他。後來葉燕青一直在胡榮泉打工，把牛肉丸再三改良，從此胡榮泉的手打牛肉丸湯成了遠近馳名的小食。

　　牛肉丸的特點是彈性高，口感爽滑，不會散開，做法不是用刀或碎肉機剁碎牛肉，而是用鐵棍把整塊牛肉不斷捶打而成，使肉漿仍能保持纖維。由於工藝複雜，現在市場上大部份牛肉丸都是機製的，就算是潮汕人的家庭，也很少會自製手打牛肉丸。當你到了潮州和汕頭，街上還有不少專賣手打牛肉丸的店舖，店前坐了個潮州怒漢，手持鐵棍，在大木砧板上用力捶打牛肉，貨真價實，童叟無欺，那是真正的潮汕手打牛丸，口感就是不同，不容錯過。

　　潮州牛肉丸可塑性甚高，最常見的是牛肉丸湯，還可以做火鍋配料、牛肉丸炒時菜、紫菜牛肉丸湯，我們家還有道簡單的小吃是炸牛肉丸，大人小孩都愛吃。做法就是把牛肉丸洗淨，以廚紙吸乾水分，用刀在牛丸的頂上，像切圓型蛋糕那樣平均切開 8 瓣，刀口深至牛丸的 3/4 位置，燒熱炸油，用中火把牛丸裂開成花朵狀，撈出瀝油上碟，吃時蘸以潮州桔油醬。

牛肉丸

牛筋丸

炸牛肉丸

潮州菜的蘸料

潮州菜的一個特色，就是着重鮮味，把材料用簡單的方法煮熟，配上不同的蘸料，大大地豐富了材料的味道。這些蘸料與菜式之配搭很是講究，甚麼菜式配甚麼蘸料，都有不成文的傳統規定；而這些蘸料是由潮州的醬料組成，有的可直接食用，例如蠔烙配魚露，有的要混合醬料和一些材料才成為蘸料，例如滷水鵝配蒜泥醋。

普寧豆醬

用黃豆和小麥發酵後，加鹽水浸發而成。

配搭菜：潮州魚飯（加米醋）

魚露

用海魚加鹽發酵後流出的魚汁再曬約20天而成。

配搭菜：蠔烙、魚蛋粉、豬雜鹹菜湯

蒜泥醋

蒜茸加紅辣椒碎，加入米醋而成。

配搭菜：潮州滷水鵝及其他滷水食物

薑米浙醋

薑切碎，加入浙醋混合而成。

配搭菜：潮州凍蟹

紅豉油（甜豉油）

用醬油加紅糖熬煮而成。

配搭菜：潮州糕、炸牛肉丸、煎魚

梅糕醬（梅膏醬）

用梅子、薑、辣椒做成的酸梅醬。

配搭菜：灼螺片、炸白飯魚

沙茶醬

由花生、乾葱、南薑、紅糖、椰子肉、蝦米、
茴香、花椒、丁香等十多種材料和香料，輾碎
熬煮而成。

配搭菜：鱟粿、潮州牛肉火鍋，白灼牛肉

金桔油（金橘油）

潮州柑皮用鹽水煮過去澀後，加糖熬煮而成。

配搭菜：燒響螺、生炊龍蝦、蝦棗、蟹棗、
卷煎

橙糕醬（橙膏醬）

用橙皮、薑、辣椒做成的橙味醬。

配搭菜：與梅糕醬基本上相同

三滲醬

用芝麻、梅子、辣椒、薑、糖等煮成，在泰
國叫做雞醬。

配搭菜：炸雞塊、卷煎、炸豆腐

韭菜水

用新鮮韭菜加鹽水混合而成。

配搭菜：普寧炸豆腐

糖醋

白糖加浙醋。

配搭菜：潮州麵

度量衡換算表

　　市面上的食譜書，包括我們陳家廚坊系列，食譜中的計量單位，都是採用公制，即重量以克來表示，長度以厘米 cm 來表示，而容量單位以毫升 ml 來表示。世界上大多數國家或地區都採用公制，但亦有少數地方如美國，至今仍使用英制（安士、磅、英吋、英呎）。

　　本地方面，一般街市仍沿用司馬秤（斤、兩），在超市則有時用公制，有時會用美制，可說是世界上計量單位最混亂的城市，很容易會產生誤會。至於內地的城市，他們的大超市有採用公制，但一般市民用的是市制斤兩，這個斤與兩，實際重量又與香港人用的司馬秤不同。

　　鑒於換算之不方便，曾有讀者要求我們在食譜中寫上公制及司馬秤兩種單位，但由於編輯排版困難，實在難以做到。考慮到實際情況的需要，我們覺得有必要把度量衡的換算，以圖表方式來說清楚。

重量換算速查表　（公制換其他重量單位）

克	司馬兩	司馬斤	安士	磅	市斤
1	0.027	0.002	0.035	0.002	0.002
2	0.053	0.003	0.071	0.004	0.004
3	0.080	0.005	0.106	0.007	0.006
4	0.107	0.007	0.141	0.009	0.008
5	0.133	0.008	0.176	0.011	0.010
10	0.267	0.017	0.353	0.022	0.020
15	0.400	0.025	0.529	0.033	0.030
20	0.533	0.033	0.705	0.044	0.040
25	0.667	0.042	0.882	0.055	0.050
30	0.800	0.050	1.058	0.066	0.060
40	1.067	0.067	1.411	0.088	0.080
50	1.334	0.084	1.764	0.111	0.100
60	1.600	0.100	2.116	0.133	0.120
70	1.867	0.117	2.469	0.155	0.140
80	2.134	0.134	2.822	0.177	0.160
90	2.400	0.150	3.174	0.199	0.180
100	2.67	0.17	3.53	0.22	0.20
150	4.00	0.25	5.29	0.33	0.30
200	5.33	0.33	7.05	0.44	0.40
250	6.67	0.42	8.82	0.55	0.50
300	8.00	0.50	10.58	0.66	0.60
350	9.33	0.58	12.34	0.77	0.70
400	10.67	0.67	14.11	0.88	0.80
450	12.00	0.75	15.87	0.99	0.90
500	13.34	0.84	17.64	1.11	1.00
600	16.00	1.00	21.16	1.33	1.20
700	18.67	1.17	24.69	1.55	1.40
800	21.34	1.34	28.22	1.77	1.60
900	24.00	1.50	31.74	1.99	1.80
1000	26.67	1.67	35.27	2.21	2.00

司馬秤換公制

司馬兩	司馬斤	克
1		37.5
2		75
3		112.5
4	0.25	150
5		187.5
6		225
7		262.5
8	0.5	300
9		337.5
10		375
11		412.5
12	0.75	450
13		487.5
14		525
15		562.5
16	1	600
24	1.5	900
32	2	1200
40	2.5	1500
48	3	1800
56	3.5	2100
64	4	2400
80	5	3000

英制換公制

安士	磅	克
1		28.5
2		57
3		85
4	0.25	113.5
5		142
6		170
7		199
8	0.5	227
9		255
10		284
11		312
12	0.75	340.5
13		369
14		397
15		426
16	1	454
24	1.5	681
32	2	908
40	2.5	1135
48	3	1362
56	3.5	1589
64	4	1816
80	5	2270

容量

量杯	公制（毫升）	美制（液體安士）
1/4 杯	60 ml	2 fl. oz.
1/2 杯	125 ml	4 fl. oz.
1 杯	250 ml	8 fl. oz.
1 1/2 杯	375 ml	12 fl. oz.
2 杯	500 ml	16 fl. oz.
4 杯	1000 ml /1 公升	32 fl. oz.

量匙	公制（毫升）
1/8 茶匙	0.5 ml
1/4 茶匙	1 ml
1/2 茶匙	2 ml
3/4 茶匙	4 ml
1 茶匙	5 ml
1 湯匙	15 ml

鳴謝

葉鳳玲表姨   葉冲先生

林貞標先生   詹暢軒先生

朱文俊先生   梁梓彬先生

參考古代文獻資料

劉向編《楚辭》漢代   宋應星《天工開物第六卷》明代
劉歆《西京雜記》漢代   李時珍《本草綱目》明代

參考現代著作資料

饒宗頤《潮州志匯編》，1954年，香港龍門書店
特級校對陳夢因《食經》1952年初版，2008年再版，商務印書館（香港）
季羨林《文化交流的軌跡-中國蔗糖史》1997年，經濟日報出版社
路遇、滕澤之《中國人口通史》2000年，山東人民出版社
吳奎信、楊方笙《潮州菜烹調技法》2000年，廣東科技出版社
張新民《潮州幫口》2009年，大山文化出版社
盧錦標《潮州俗諺》2010年，天馬出版有限公司

陳紀臨、方曉嵐夫婦，是香港著名食譜書作家、食評家、烹飪導師、報章飲食專欄作家。他們是近代著名飲食文化作家陳夢因（特級校對）的兒媳，傳承陳家兩代的烹飪知識，對飲食文化作不懈的探討研究，作品內容豐富實用，文筆流麗，深受讀者歡迎，至今已出版了 15 本食譜書，作品遠銷海外及內地市場，也在台灣地區多次出版。

2016 年陳紀臨、方曉嵐夫婦應英國著名出版商 Phaidon Press 的邀請，用英文撰寫了 *China The Cookbook*，介紹中國 33 個省市自治區的飲食文化和超過 650 個各省地道菜式的食譜，這本書得到國際上很多好評，並為世界各大主要圖書館收藏，現已逐步翻譯成法文、德文、中文、意大利文、荷蘭文、西班牙文等多國文字；陳氏伉儷並往加拿大、美國、英國及澳洲等國多個大城市進行巡迴推廣、演講及接受傳媒採訪，以香港作家的身份，為中國菜在國際舞台上的發展作出貢獻，為香港人爭光。

如有查詢，請登入：

ⓕ 陳家廚坊

或電郵至：
chanskitchen@yahoo.com

外婆家的潮州菜
（增強版）

Traditional Chaozhou Cuisine
(Revised Edition)

著者	Author
陳家廚坊	Chan's Kitchen
方曉嵐・陳紀臨	Diora Fong • Keilum Chan
策劃 / 編輯	Project Editor
祈思	Casey
郭麗眉	Cecilia Kwok
譚麗琴	Catherine Tam
攝影	Photographer
	George Ip
	Johnny Han
	Imagine Union
美術設計	Design
思思	Venus Lo

出版者　Publisher
萬里機構出版有限公司　Wan Li Book Company Limited
香港北角英皇道 499 號　20/F, North Point Industrial Building,
北角工業大廈 20 樓　499 King's Road, Hong Kong
電話　Tel　2564 7511
傳真　Fax　2565 5539
電郵　Email info@wanlibk.com
網址　Website　http//www.wanlibk.com
　　　　http//www.facebook.com/wanlibk

發行者　Distributor
香港聯合書刊物流有限公司　SUP Publishing Logistics (HK) Ltd.
香港荃灣德士古道 220-248 號　16/F, Tsuen Wan Industrial Centre,
荃灣工業中心 16 樓　220-248 Texaco Road, Tsuen Wan, N.T., Hong Kong
電話　Tel　2150 2100
傳真　Fax　2407 3062
電郵　Email info@suplogistics.com.hk

承印者　Printer
中華商務彩色印刷有限公司　C & C Offset Printing Co., Ltd.

出版日期　Publishing Date
二零一八年六月第一次印刷　First print in June 2018
二零二四年十一月第三次印刷　Third print in November 2024

規格　Specifications
16 開（240mm x 170mm）　16K (240mm x 170mm)